CONSTRUÇÃO DE UM ATERRO

Blucher

Manoel Henrique Campos Botelho

Nelson Newton Ferraz

CONSTRUÇÃO DE UM ATERRO

Uma história tecnológica

Construção de um aterro: uma história tecnológica

Publisher Edgard Blücher
Editor Eduardo Blücher
Coordenador editorial Rafael Fulanetti
Coordenação de produção Andressa Lira
Produção editorial Mariana Naime
Preparação de texto Sérgio Nascimento
Diagramação Claudia Barros
Revisão de texto Helena Miranda
Capa Leandro Cunha
Imagem da capa Manoel Henrique Campos Botelho e Nelson Newton Ferraz

Blucher

Rua Pedroso Alvarenga, 1245, 4º andar
04531-934 – São Paulo – SP – Brasil
Tel.: 55 11 3078-5366
contato@blucher.com.br
www.blucher.com.br

Segundo o Novo Acordo Ortográfico, conforme 6. ed. do *Vocabulário Ortográfico da Língua Portuguesa*, Academia Brasileira de Letras, julho de 2021.

Dados Internacionais de Catalogação na Publicação (CIP)
Angélica Ilacqua CRB-8/7057

Botelho, Manoel Henrique Campos
Construção de um aterro: uma história tecnológica/ Manoel Henrique Campos Botelho, Nelson Newton Ferraz. – São Paulo: Blucher, 2024.
192 p.: il.

Bibliografia
ISBN 978-85-212-2052-7

1. Aterros 2. Solos – Consolidação 3. Fundações 4. Mecânica do solo I. Título II. Ferraz, Nelson Newton

23-6631 CDD 624.162

Índices para catálogo sistemático:
1. Aterros

"A história da construção do aterro de uma estrada municipal – projeto, execução, manutenção, dificuldades, *causos e casos acontecidos*, mas no final, final feliz."

Um texto em forma de história real (ou quase real) para estudantes e jovens profissionais, com comentários de Alcebíades, um implacável discípulo de William Shakespeare.

"Ser ou não ser, eis é a questão." (Shakespeare, 2011, p. 76)

O equipamento pé de carneiro, talvez pela especificidade de seu uso, é um símbolo da construção de um aterro. Idem o caminhão aguadeiro.

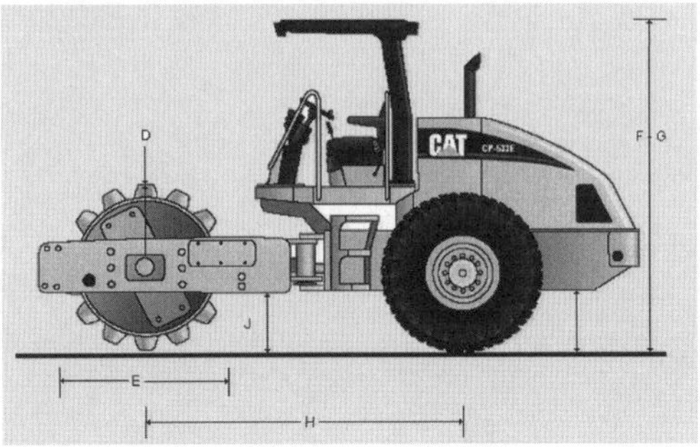

APRESENTAÇÃO

Os autores deste trabalho entendem que existe a necessidade, no mundo da tecnologia, de textos e livros para estudantes e jovens profissionais das áreas de engenharia, arquitetura, geologia, entre outras. Para esses tipos de livros, uma linguagem direta, prática, de alto didatismo e até alegre (como no livro *Concreto Armado Eu Te Amo*, de autoria do engenheiro Manoel Henrique Campos Botelho) *faz-se necessária e útil.*

Juntamos profissionais com experiência em obras civis e introduzimos o leitor no mundo importantíssimo das obras de terra, ou, mais particularmente, no *mundo dos aterros.*

Contamos com a colaboração dos leitores, dos profissionais e de professores para podermos, em edições futuras, melhorar o trabalho.

Boa leitura, e esperamos seu contato.

Manoel Henrique Campos Botelho

E-mail: manoelbotelho@terra.com.br

Formado em Engenharia Civil em 1965 na sacrossanta Escola Politécnica da Universidade de São Paulo.

Autor da coleção *Concreto Armado Eu Te Amo.*

Nelson Newton Ferraz

E-mail: nelfer2011@gmail.com

Formado em Engenharia Civil em 1973 pela Escola de Engenharia da Universidade Mackenzie.

Autor de livros técnicos (entre eles, *Guia da Construção Civil)* e executor de várias obras de terra.

Os seguintes pensamentos tecnológicos orientaram a produção deste trabalho:

Da cultura popular:

"A jornada de mil passos começa pelo primeiro."

Da cultura árabe:

"Te avisamos que não há caminhos. Os caminhos se abrem ao caminhar."

De um importante líder religioso:

"Na casa do meu pai há várias moradas."

De um famoso professor de engenharia:

"Exemplos numéricos e exemplos de casos são, por vezes, um facho de luz numa teoria complexa de tecnologia."

Dos autores deste trabalho:

"Encontrando termos técnicos cujo significado você ignore, consulte o Glossário."

Se não encontrar lá, por favor, avise-nos.

Conteúdo

CAPÍTULO 1
Primeiras palavras e tipos de aterros

Chamamos *aterro* a colocação de um solo em outro local, seguida pela execução de uma compactação (compressão) para que o solo novo ganhe resistência, ou seja, sejam preenchidos os vazios do solo.

Aterros são sempre obras humanas; portanto, antes de Adão e Eva, não há notícia da existência de aterros!

Podemos dividi-los em dois tipos:

Aterros TIPO A

As obras de solos compactados têm várias possíveis funções, a saber:

- geram um reservatório de água para fins de abastecimento;
- geram um reservatório (manancial) abastecedor de uma usina hidroelétrica;
- geram um reservatório para uso recreativo de barcos;
- geram um estoque de água para uso agrícola;
- outros usos.

Para essas funções, é importantíssima a compactação ideal, o que garante a reservação de grandes volumes de água.

Aterros TIPO B

Aterros que ligam dois trechos de uma estrada numa região montanhosa cruzando um vale com um córrego com pouca vazão, passando no seu fundo através de um bueiro, ou então, ligando a uma ponte sobre um rio de maior volume.

No caso da nossa história, vai ocorrer um aterro TIPO B. Tudo acontece na pequena cidade de Pedra Rosa.

CAPÍTULO 2

O vale em uma estrada municipal que precisava de uma obra de solos, ou seja, precisava de um aterro. Tudo aconteceu no pequeno município de Pedra Rosa

Figura 2.1 – Erosão possivelmente causada por águas de chuva.

Vamos neste texto contar a história da construção de um aterro numa estrada municipal não pavimentada da pequena cidade de Pedra Rosa, nome esse decorrente do fato de haver no município várias jazidas de belo, mui belo, granito de forte coloração rosa. Por pressão dos donos das pedreiras não se pavimentava rua nessa cidade com o tradicional asfalto. Todas as ruas eram pavimentadas com pedras, paralelepípedos de granito rosa. E, sendo obras de granito, resultavam belas obras, eternas...

Pedra Rosa é um município do sul do Brasil e tem uma população de cerca de 31.000 habitantes, entre moradores das áreas urbana e rural. Há uma estrada municipal que dá acesso exatamente para a área onde existem várias pedreiras que extraem o granito de tonalidade fortemente rosa. A economia da cidade depende do funcionamento das pedreiras.

Figura 2.2 – Aterro pronto, mostrando sua drenagem inferior.

Acontece que, devido a chuvas extremamente fortes, um aterro que cobria um vale quase seco, nessa estrada municipal, se rompeu e todo o maciço terroso foi levado vale abaixo. Na verdade, em épocas de chuva forte ocorria um pequeno fio de água no fundo desse vale. No aterro que se rompeu havia como dreno no fundo do vale uma tubulação de 300 mm de diâmetro, ligando-o de um lado a outro. Esse aterro rompido tinha sido executado cerca de cinco anos atrás, sem maiores cuidados tecnológicos. Como a cidade é economicamente ligada à exploração que ocorria nas várias jazidas de granito, tornou-se imperioso construir um novo aterro, agora com cuidados tecnológicos bem adequados. Enquanto esse novo aterro não ficava pronto, o acesso às jazidas de granito se dava por outro caminho, bem mais longo, também não pavimentado e com péssimas condições de tráfego, face ao estado do seu piso.

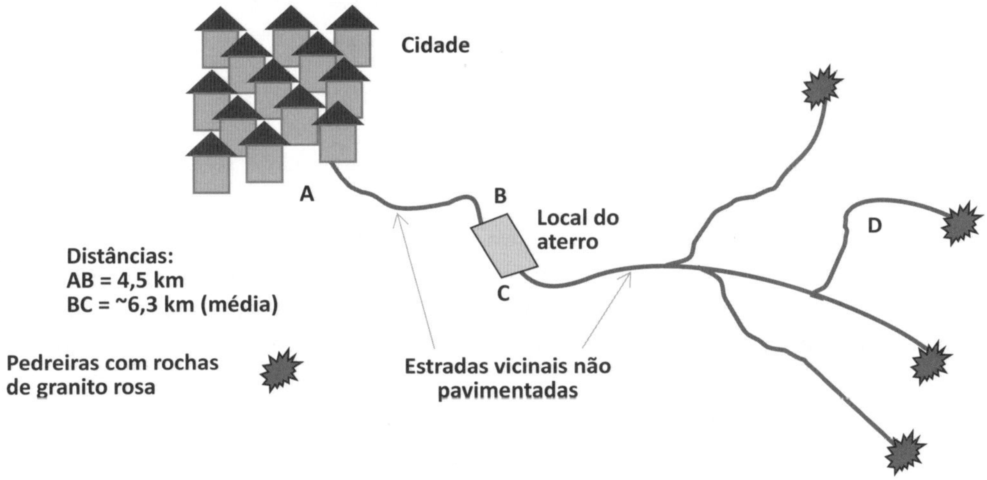

Figura 2.3 – Mapa esquemático do local do aterro.

Fonte: Elaboração própria.

Uma coisa era certa: o *novo aterro* teria de ter um comprimento de cerca de 150 m, largura no topo de 10 m e altura máxima de cerca de 15 m.

A prefeitura de Pedra Rosa tinha no seu corpo técnico apenas um engenheiro civil de nome Antônio, um arquiteto de nome Alfredo, um agrimensor de nome João Paulo com seu auxiliar, e um tecnólogo de nome Luís. E a prefeitura tinha um consultor jurídico, prestes a se aposentar, o Dr. Adamastor. Mas o que tem a ver um advogado com a construção de um aterro, obra de tecnologia? Nós contaremos a participação estratégica do Dr. Adamastor. O prefeito, bem orientado pelo seu corpo técnico, decidiu contratar para o caso específico da reconstrução do aterro um profissional geólogo de boa experiência, de nome Alcides Silva.

Com a contratação do geólogo, veio a ordem do prefeito, que era meio grosso:

– Cessa tudo de tratar de assuntos rotineiros no Departamento de Obras da prefeitura. Todos os esforços devem se concentrar na construção do novo aterro.

E se eu descobrir que tem gente daqui tocando outros assuntos, que não o assunto "aterro", cabeças vão rolar!

Nossa história começa aqui:

Detalhe – o prefeito, de nome Ataxerxes, apesar de ser algo inábil, tinha maioria entre os vereadores na Câmara Municipal de Pedra Rosa e, portanto, o gasto com a obra do novo aterro seria aprovado, mesmo porque todos aceitavam o fato de a economia da cidade depender do funcionamento, a contento, da extração e da venda do famoso granito rosa.

No próximo capítulo, veremos um desenho esquemático do aterro que se pretende construir no local, conforme a opinião do Departamento de Obras da prefeitura e face ao movimento de caminhões transportando peças de granito em tamanho bruto e peças de granito já cortado.

Personagens dessa história:

- Prefeito Ataxerxes, interessado mas muito irritadiço.
- Jurisconsulto Adamastor, competente, minucioso e cauteloso. Semântico, ele era apaixonado pelo uso de expressões latinas e exigia que Latim fosse sempre grafado com a letra inicial L (maiúscula).
- Engenheiro Antônio, com experiência só em obras de edificação.
- Arquiteto Alfredo, também com experiência só em obras de edificação.
- Agrimensor João Paulo, competente e arrojado profissional autônomo.
- Tecnólogo Luiz, competente auxiliar.
- Geólogo Alcides Silva, profissional competente, contratado para essa obra, já tendo dado consultoria em vários empreendimentos de movimento de solos.
- Arquiteta Paisagista Pâmela, competente e muito decidida.
- Morador Alberto, um simples cidadão, mas alerta e com forte espírito cívico.
- Morador Alcebíades, cidadão de Pedra Rosa, sendo um admirador de William Shakespeare, faz críticas algo terríveis, seguindo os passos do autor inglês.

CAPÍTULO 3

Como se deseja a obra no seu final, ou seja, o aterro reconstruído, mas agora com apoio de tecnologia

O desenho a seguir mostra como se deseja a obra do aterro reconstruída:

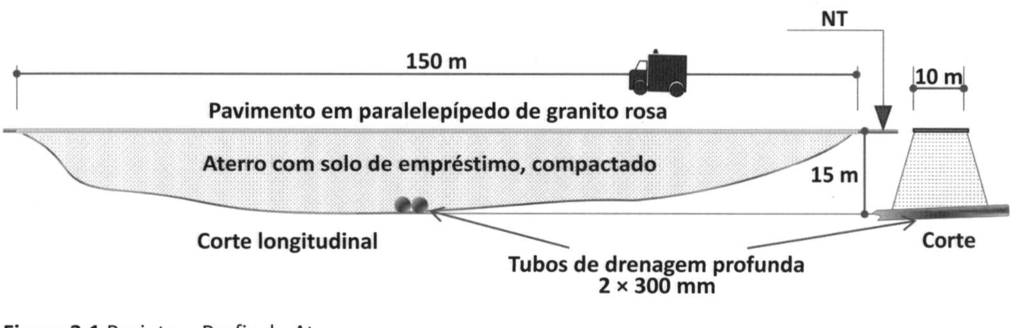

Figura 3.1 Projeto – Perfis do Aterro.

Fonte: Elaboração própria.

Essa é ideia da equipe técnica da prefeitura e será transmitida aos projetistas, ainda não contratados. Eles, então, farão o projeto definitivo.

Para um aterro com finalidades hídricas, ver exemplo no Capítulo 21.

E tudo deveria estar de acordo com as Normas Brasileiras (ABNT) e as Especificações da Prefeitura de Pedra Rosa.

Observações paralelas sobre normas e especificações:

Da ABNT: *Normas não são obrigatórias, apenas recomendadas: O profissional (executor ou projetista) poderá não as obedecer, mas caso elas não atinjam o objetivo ou deem errado, ele será responsável e responderá na justiça ou perante o cliente, pelas consequências dessa atitude. Caso deem certo, ele poderá até sugerir à ABNT a alteração ou complementação da norma. A ABNT é muito aberta a sugestões e certamente criará uma comissão para analisar a proposta. A sugestão, sendo aprovada, a ABNT determinará a sua incorporação ou até mesmo a substituição da norma vigente.*

Do cliente: *serão obrigatórias, desde que não entrem em conflito com as normas da ABNT. Esse tipo de norma é classificada como* "Especificações" *(de Projeto ou de Execução) e deverá estar claramente explicitada em* projeto e/ou em contrato, *e já constando dos editais de concorrência ou tomada de preços. A ausência desses elementos nas documentações elimina sua obrigatoriedade. Não devem ser levadas em conta as considerações verbais.*

CAPÍTULO 4
A concorrência para a contratação do projeto do aterro

Houve a tomada da decisão de reconstruir o trecho de estrada que ruíra – um aterro por completo –, ou seja, reconstruir o aterro que fora levado totalmente pelas águas de chuva – e destaque-se que nem sistema de drenagem superficial o velho aterro tinha e fora construído sem nenhum apoio tecnológico. Assim, decidiu o corpo técnico da prefeitura de Pedra Rosa contratar uma firma de tecnologia especializada em obras de terra para o projeto. De maneira singela, foi publicado no jornal oficial da prefeitura o aviso de abertura de concorrência e as informações sobre a retirada do edital. Por tradição, o mesmo edital foi colocado no painel no salão de entrada da prefeitura, que funcionava de arauto de atos oficiais da administração local.

O prazo de apresentação de proposta era de 30 dias e cada proposta tinha de ter dois envelopes, um com a apresentação técnica da firma, provando com documentos oficiais a experiência técnica da concorrente, e o segundo envelope deveria conter a proposta comercial. No edital da prefeitura fora fixado o prazo limite da execução do projeto em 120 dias.

Depois de decorridos os 30 dias de prazo limite de apresentação de propostas, chegaram três propostas, número pequeno, talvez pelo pequeno porte da prefeitura e da sua capacidade de contratar um estudo sofisticado e caro.

Chamemos as propostas apresentadas de Proposta A, Proposta B e Proposta C.

Abertos os primeiros envelopes das três únicas proponentes, a Proposta A foi de cara rejeitada. Vejam como era essa Proposta A:

- as páginas não eram numeradas;
- esqueceram-se de colocar data na proposta!!! (isso é mais comum do que se pode imaginar);
- na proposta não constava o número de registro da firma no CREA do estado, ou seja, o número do Conselho de Engenharia e Agronomia. Proposta sem a indicação de CREA era rejeitada *in limine*, ou seja, rejeição de pronto;
- e a proposta dessa Proponente A também não respeitara o edital, pois juntou num único envelope a proposta técnica e a parte comercial.

Foi aberta a Proposta B, que demonstrou ser formalmente correta e de uma boa concorrente. Essa proposta indicava que a parte de ensaios de laboratório dos solos de sua área de empréstimo de solos[1] – ensaios totalmente necessários para o projeto de um aterro – e de ensaios de acompanhamento e fiscalização da qualidade da obra tinham a previsão do número de cada um dos vários ensaios e seus preços unitários. A previsão do número de ensaios incluía tanto os de laboratórios como os de obra, pois, para se ter o controle de qualidade da construção de um novo aterro, é necessário acompanhar e caracterizar a qualidade do solo. Deve-se dar destaque para o ensaio de compactação e o teste de umidade do solo (fruto da passagem do caminhão aguadeiro ou não), e o efeito da compactação definida pelos aparelhos. O edital exigia a instalação na obra de um laboratório de solos, podendo ser uma instalação em uma simples carreta, mas teria que ter um acesso de água, pois toda atividade de ensaio de solos exige uso de água corrente.

A Proposta B parecia que ia ganhar, na mente de alguns membros do corpo técnico da prefeitura, corpo técnico com componentes que, de obras de solos como o projeto de um aterro, nada de experiência tinha.

Foi então aberta a Proposta C, de firma de nome (fictício) Solotecnologia Tecnologia. Formalmente correta e com documentos oficiais de outras prefeituras e de execução de aterros para várias indústrias. A bomba veio no envelope de preços: essa proponente mostrou todos os preços dos vários ensaios e dos ensaios de acompanhamento de campo da execução do novo aterro, mas, na indicação do número de ensaios, trazia um alerta que chamou a atenção como um aviso do tipo 🗐 💣 ☠ ☣ 👽

[1] Ninguém percebeu uma falha técnica dessa proposta, que era o estudo do que fazer com o solo do aterro destruído pelas chuvas, ou seja, um caso de estudo ambiental de bota-fora de solos.

O texto da Proposta C da firma Solotecnologia dizia e alertava:

Como não se conhecem os dados geológicos do local e também não se conhecem os dados geológicos da futura área de empréstimo de solo, solo esse que formará o coração do futuro aterro, é um erro terrível que demonstra inexperiência nesse tipo de obra[2] *fixar o número de ensaios que serão necessários e por isso só mostraremos os preços unitários dos testes de laboratório e os testes de campo, acompanhando e auditando a qualidade da obra. Nossa experiência na execução de vários aterros nos obriga a citar e assim proceder.*

E constava o seguinte alerta sobre os cuidados com eventual existência dos chamados solos moles e o solo muito mole como a seguir se destaca:

Sondagens complementares para o detalhamento das seções geotécnicas longitudinal e transversal do subsolo; coleta de amostras indeformadas da camada compressível, com mostrador de tubo aberto, para a execução em laboratório de ensaios de resistência ao cisalhamento e de compressibilidade; ensaios de palheta in situ (vane test) ao longo da camada de argila de baixa consistência, em furos de sondagem escolhidos nos locais de maiores altura e espessura da camada compressível, para a definição dos parâmetros de resistência ao cisalhamento. Ref. Texto do Prof. M. Maragon no seu excelente e cauteloso artigo "Unidade 01 - ATERROS SOBRE SOLOS MOLES".

Essas notas da Proposta C (da firma Solotecnologia) foram uma bomba e deram medo ao jovem e pouco experiente corpo técnico da prefeitura de Pedra Rosa.

O geólogo Alcides Silva, com sua experiência, mostrou a enorme diferença de conhecimento entre a excelente e gabaritada proposta da firma C e a proposta da firma B. A opinião do geólogo foi decisiva.

A Proposta C, da Solotecnologia, diante desse alerta, ganhou a disputa.

Na proposta C, constavam os tipos de testes, mas não sua quantidade, e sim com seus custos unitários, que seriam executados num laboratório a ser instalado por terceiros numa construção provisória junto ao local da obra.

Os principais testes previstos na Proposta C eram:

- levantamento topográfico do local da obra do aterro;
- ensaios de Proctor; e
- ensaio de Hilf.

[2] O destaque em negrito constava da proposta, ou seja, uma bem escondida bomba. Isso acontece...

E ensaios previstos nas normas do DNIT (Departamento Nacional de Infraestrutura de Transporte, um órgão estatal federal), tanto os de execução como os de cuidados na escavação para a obtenção do solo de empréstimo.

A firma B acusou o golpe e não recorreu. Foi assinado o contrato da prefeitura com a firma C. Assunto encerrado.

Referência DNIT

Nesse contexto, o IPR (Instituto de Pesquisas Rodoviárias) vem promovendo a revisão do Manual de Serviços de Consultoria para Estudos e Projetos Rodoviários, editado pelo DNER em 1978 e constituído pelos seguintes volumes: Volume 1 – Manual de Contratação e Acompanhamento dos Serviços; Volume 1.1 – Instruções para Contratação dos Serviços; Volume 1.2 – Instruções para Acompanhamento dos Serviços; Volume 2 – Manual de Execução dos Serviços; Volume 2.1 – Instruções para Apresentação de Propostas; Volume 2.2 – Instruções para Apresentação de Relatórios; Volume 2.3 – Escopos Básicos; Volume 2.4 – Instruções de Serviço; Anexo 1: Álbum de Projetos – Tipo e Padrões de Apresentação.

Eis que surgiu uma bomba, bomba, bomba...

No dia seguinte à assinatura do contrato com a firma de projeto geotécnico, nas atividades a serem desenvolvidas estava incluída a realização do levantamento topográfico de toda a área da obra. O prazo contratual para sua realização era de 30 dias. Eis que um agrimensor, que atuava autonomamente na cidade, procurou a firma de projeto geotécnico vencedora (Solotecnologia) e deu uma excelente e surpreendente notícia. Esse agrimensor autônomo já tinha feito, sob seu risco empresarial, o levantamento topográfico da área da obra e de três possíveis locais que poderiam servir de local para ceder o desejado solo de empréstimo. E o agrimensor mostrou, para atiçar o desejo do possível cliente (Solotecnologia Consultoria Ltda.), uma via do levantamento topográfico da área do futuro aterro e dos três possíveis locais de cessão de solo de empréstimo.

A firma projetista aceitou comprar o levantamento topográfico do agrimensor autônomo, embora o valor fosse algo caro. Diante desse inesperado aumento de custos, pois a Solotecnologia pretendia fazer o levantamento topográfico com pessoal próprio, a empresa pediu ao Prefeito Ataxerxes um aumento de honorários,[3] mas com a vantagem de o levantamento topográfico já estar pronto; portanto, com isso se ganhava os 30 dias previstos para sua execução. O Prefeito Ataxerxes, algo irritado (seu estado de irritação era quase permanente), diante das vantagens de redução, aceitou o acréscimo da firma

[3] E o Prefeito Ataxerxes que se preparasse para outros pedidos de custos adicionais tanto da Solotecnologia como da futura construtora a ser contratada para executar a obra do novo aterro.

projetista e, acreditem, no dia seguinte a Solotecnologia já cobrou da prefeitura de Pedra Rosa o valor do levantamento topográfico, feito com antecedência.[4] O Prefeito Ataxerxes, de um ponto de vista, adorou o fato de já existir o levantamento topográfico e com isso ganhar 30 dias no cronograma. Por outro lado, pensou na sua situação na Câmara de Vereadores e em como justificar o pagamento em 24 horas de um levantamento que entendia que demandaria 30 dias para ser realizado – mas o trabalho já tinha sido executado previamente, numa atividade de risco empresarial, pelo agrimensor independente. Por sorte, o prefeito tinha maioria na Câmara de Vereadores da cidade; e com essa maioria talvez conseguisse explicar a rapidez do pagamento da prefeitura ao serviço de topografia. Administração pública tem dessas dificuldades. Ter de explicar algo assim é muito interessante, mas quase inacreditável...

[4] Firma particular é sempre implacável. Capitalismo é capitalismo.

CAPÍTULO 5

Obtenção de amostras do solo no local do aterro e na futura área de empréstimo de solo

O aterro que ruíra estava oferecendo grandes riscos a moradores e proprietários de terrenos à jusante, e também havia a urgência na execução desse serviço, pois o assoreamento provocado pela terra que era carreada a cada chuva estava prejudicando a agricultura e a própria mineração. Portanto, o Prefeito Ataxerxes, apoiado pela Câmara, determinou que as máquinas da prefeitura fizessem a remoção desse solo e da parte do aterro que ainda estava precariamente em pé. Essa providência permitiria também um melhor estudo do local, de maneira que o projeto tivesse um ganho em qualidade. Isso foi feito e a terra restante – melhor dizendo, o barro restante – foi removida para um bota-fora[1] numa propriedade próxima, cujo dono pensava em utilizá-lo de alguma maneira, mas não disse qual. Mistério!

Agora sim, a elaboração do projeto do novo aterro teria início, e o começo significava fazer pesquisas, entre outros lugares, nos locais de empréstimo de solo, além de sondagens no local do aterro, já limpo. Havia três terrenos possíveis para empréstimo e foram feitas extrações de solo de cada um deles, que, aliás, eram relativamente próximos ao local da obra. Da análise dos solos dos três terrenos concluiu-se que os três tipos de solo eram de composição argilosa e de qualidade aparentemente adequada para o trabalho.

---

[1] Ver Glossário de Primeira Ajuda.

Toda a equipe técnica da prefeitura acompanhou a caracterização dos três solos e viu-se que:

- os solos sujavam as mãos dos experimentadores;
- os solos formavam nódulos algo duros;
- não era possível constatar grãos de solos.

Conclusão: os solos dos três locais eram compostos por argila siltosa, pouco arenosa e com algumas intrusões de outros tipos de solos de menor significado para um material de empréstimo.

A firma Solotecnologia mandou fazer sondagens[2] no fundo do vale a ser aterrado, empregando a metodologia SPT, para verificar se o solo local era composto de material com capacidade de suporte do aterro. Fundos de vale muitas vezes são compostos pelo terrível *solo mole* ou – ainda pior – o possível *solo muito mole*, o que talvez exigisse uma custosa troca de solo, que ficaria a cargo de uma construtora a contratar. Por felicidade, os resultados médios das sondagens foram bastante animadores: com exceção da camada muito superficial, resultante do aterro anterior colapsado, não havia solo mole profundo no local do novo.

Após uma capa, com uma espessura média de um metro de argila orgânica misturada com o barro restante do aterro que ruíra (resistência 3 = mole – teria que ser removida) vinha uma camada de quase 3 m de uma areia pouco argilosa, pouco siltosa (resistência entre 7 e 15 = pouco compacta a medianamente compacta). A camada seguinte era de areia siltosa, pouco argilosa mas consistente (resistência entre 20 e 32 = compacta) com 5 metros de espessura e, por fim, argila siltosa, pouco arenosa (resistência de 17 a 21 = rija a dura) com mais de 2 metros de espessura, pois as sondagens pararam com 10 m de profundidade. Era o suficiente para se constatar um cone de difusão de cargas bastante favorável. A remoção da camada superficial já fazia parte das considerações de todos, pois era um solo muito misturado, resultante do aterro rompido, mais restos orgânicos (galhos e folhas de árvores), areia e pedras de vários tamanhos, além de, nas laterais, conter muita vegetação e impurezas (lixo) ali lançadas pelos moradores locais. Mas estava afastada a hipótese de existirem *os fantasmas dos solos moles e muito moles.*

(☣ 👽)

---

2 O custo dessas sondagens para detecção de solo móvel não estava na lista prevista e foi mais um acréscimo que seguramente a Solotecnologia vai cobrar da pobre prefeitura.

Norma do DNIT quanto a material escavado (Ver norma integral no Anexo B)

DNIT 106/2009 ES

3.9 Material de 1ª categoria

Compreende os solos em geral, residuais ou sedimentares, seixos rolados ou não, com diâmetro máximo inferior a 0,15 m, qualquer que seja o teor de umidade apresentado. O processo de extração é compatível com a utilização de "Scraper" rebocado ou motorizado.

3.10 Material de 2ª categoria

Compreende os solos de resistência ao desmonte mecânico inferior à da rocha não alterada, cuja extração se processe por combinação de métodos que obriguem à utilização do maior equipamento de escarificação exigido contratualmente; a extração eventualmente pode envolver o uso de explosivos ou processo manual adequado. Então estão incluídos nesta categoria os blocos de rocha de volume inferior a 2 m^3 e os matacões ou pedras de diâmetro médio compreendido 0,15 m e 1,00 m.

3.11 Material de 3ª categoria

Compreende os materiais com resistência ao desmonte mecânico equivalente à rocha não alterada e blocos de rocha com diâmetro médio superior a 1,00 m, ou de volume igual ou superior a 2 m^3, cuja extração e redução, a fim de possibilitar o carregamento, se processe com o emprego contínuo de explosivos.

3.12 Bota-fora

Material de escavação dos cortes, não aproveitado nos aterros, devido à sua má qualidade, ao seu volume ou à excessiva distância de transporte e que é depositado fora da plataforma da rodovia, de preferência nos limites da faixa de domínio, quando possível.

Local do bota-fora é o lugar estabelecido para depósito de materiais inservíveis para aquela obra.

Como na cidade de Pedra Rosa existia uma atuante Associação dos Amigos do Meio Ambiente, todo cuidado seria pouco com o descarte de material "bota-fora". Novos tempos de proteção ao meio ambiente já eram então chegados; portanto, todo cuidado era pouco.

Em obras federais, seguir as normas do DNIT. Em outras obras, seguir com o DNIT ou com a ABNT (ver Glossário), dependendo do contratante e de condições especificas.

CAPÍTULO 6
Um complicador de obras: na região do futuro aterro e das áreas de empréstimo às vezes chove muito. O que fazer?

O engenheiro Antônio alertou o Prefeito Ataxerxes:

– Que pena que a obra do novo aterro vai coincidir com o período de chuvas e no local da obra ocorre um chamado "microclima" com chuvas mais fortes. Temos de alertar o Geólogo Alcides.

Este agradeceu o alerta, mas ponderou:

– Em termos de chuvas em locais com obras de solos, podemos dividi-las por sua intensidade (mm/h) em:

- *chuvas fracas, quase garoas;*
- *chuvas médias; e*
- *chuvas muito fortes.*

Quanto às consequências:

- *Chuvas fracas perturbam pouco.*
- *O solo em compactação pode ser protegido de chuvas médias por uma selagem superficial e execução de algum sistema de drenagem e afastamento das águas de chuvas, o que configuram pequenas obras. Apesar disso, é bem provável que sejam paralisadas durante a ocorrência, pois fica difícil manter a importantíssima umidade*[1] *do solo em nível desejado.*

---

[1] O aspecto importantíssimo será explicado no método de Proctor, apresentado a seguir neste texto.

- *Com a ocorrência de chuvas fortes ou temporais, aí sim, teremos que suspender provisoriamente o trabalho de compactação, diante do necessário controle de umidade do solo que passará por esse processo. Porém, mais importante é prevenir para evitar perda de solo, carreado pelas enxurradas com a consequente erosão. Além disso, e por causa disso, a obra só voltará ao normal após os reparos dos danos causados, o que é inevitável ao se tratar de temporais.*

Como normalmente a maior parte das chuvas são do tipo fracas e médias, estaremos preparados para manter a compactação durante o máximo do tempo.

O Prefeito Ataxerxes então ficou algo menos preocupado.

☺😐☹

CAPÍTULO 7
O projeto básico do aterro

A empresa contratada para elaborar o projeto pôs-se a trabalhar; coletou todas as informações disponíveis sobre condições locais, topografia, tipos de solo, clima e pluviosidade, além de ter realizado sondagens à percussão no local onde o aterro seria construído.

Estudou também quais veículos passariam pelo aterro, o tipo desses veículos, o peso das cargas transportadas, além do volume de tráfego considerado, principalmente o pesado (trem-tipo).

Além disso, realizou vários ensaios no laboratório de solos e, por fim, concluiu como deveria ser executado o aterro. Com isso, pôde elaborar um projeto básico conforme apresentado na Figura 7.1.

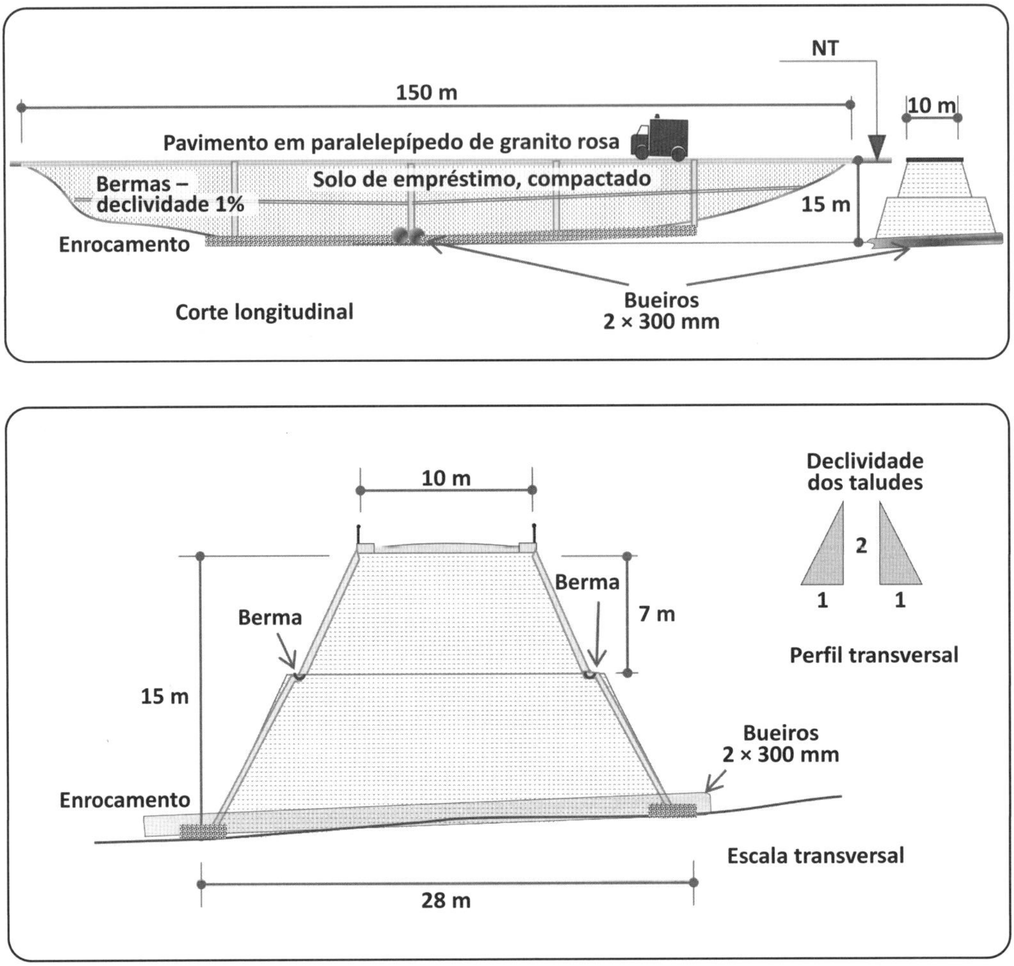

Figura 7.1 – Projeto básico de terraplanagem.

Fonte: Elaboração própria.

Observações I

- As medidas são aproximadas, pois variam em função do terreno.
- As tubulações, canaletas, caixas e enrocamentos serão detalhados à parte.
- Todas as sangras (ver Glossário) serão tubuladas. Canaletas, somente nas bermas – deverão ter caimento de 1% a partir da borda em direção às canaletas.

Apesar do previsto no projeto esquemático apresentado pela prefeitura, foi constatada a necessidade de serem executadas duas bermas, uma à jusante e outra à montante, para que a drenagem fosse mais eficiente e menos destrutiva. Conforme a própria prefeitura já havia alertado, havia uma intensidade maior de chuvas no local e isso eventualmente produziria enxurradas muito fortes, que poderiam danificar de modo até fatal a obra – como de fato ocorreu no aterro anterior, que foi destruído. De uma altura de 15 metros, com chuvas intensas, um grande volume de água se precipitaria pelas canaletas que drenavam o talude e talvez elas não dessem conta do recado, principalmente no pé do talude. Poderiam transbordar e, com a velocidade que teriam, ao chegar embaixo, o aterro poderia ser gravemente danificado, podendo até ocorrer um colapso. Daí a necessidade da berma, que, além de dar mais estabilidade ao aterro por alargar sua base de apoio, ainda serviria como um sistema de contenção na velocidade da água: as canaletas da berma recolheriam a água que escorre pela superfície gramada da encosta; coletaria o material líquido que vinha das bocas de lobo da estrada que passava no topo, por meio de canaletas, e o lançaria nas caixas de sangra (ou de coleta), que, por sua vez, o despejaria em outras canaletas, em baixa velocidade. Considerando a berma a 7 metros abaixo do topo, sobrariam, no máximo, mais 8 metros de descida; isso só no ponto central do aterro. Essas águas cairiam num enrocamento de pedras grandes que, nessas condições, as receberiam tranquilamente, distribuindo-as no solo de maneira homogênea, mais lenta e sem formação de enxurradas.

Os desenhos nas páginas seguintes indicam o projeto de drenagem e alguns detalhes, mas não todos. O mesmo vale para o projeto básico apresentado na Figura 7.1. Para um projeto "completo", seriam necessárias muito mais páginas e numa escala de desenho muito maior, o que não vem ao caso neste trabalho, pois a ideia aqui é dar apenas uma noção básica de como funcionam os processos políticos, administrativos e executivos de uma obra desse tipo.

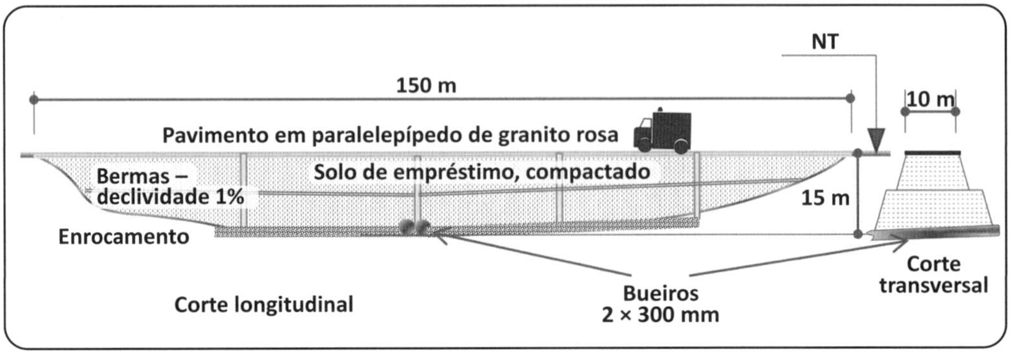
NT
150 m
10 m
Pavimento em paralelepípedo de granito rosa
Bermas –
declividade 1%
Solo de empréstimo, compactado
15 m
Enrocamento
Corte
transversal
Corte longitudinal
Bueiros
2 × 300 mm

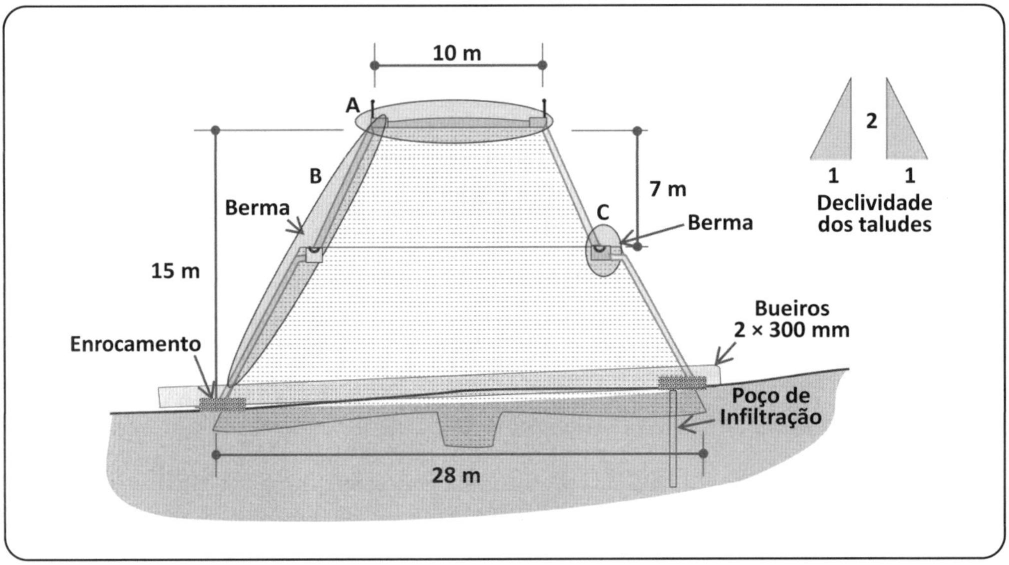
10 m
A
B
Berma
7 m
C
Berma
2
1 1
Declividade
dos taludes
15 m
Bueiros
2 × 300 mm
Enrocamento
Poço de
Infiltração
28 m

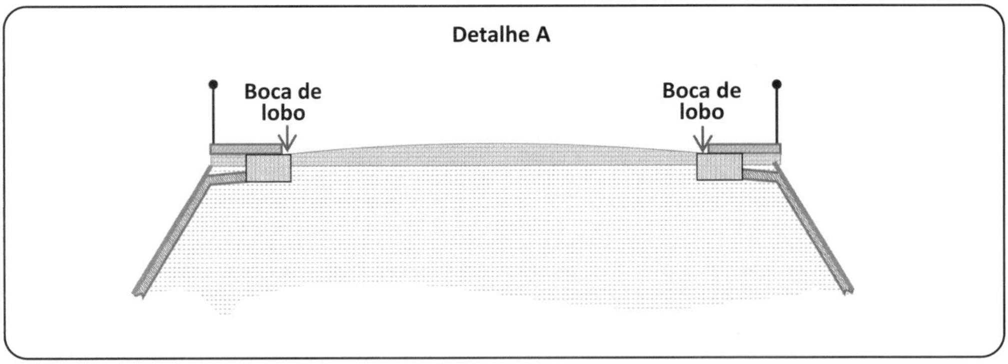
Detalhe A
Boca de
lobo
Boca de
lobo

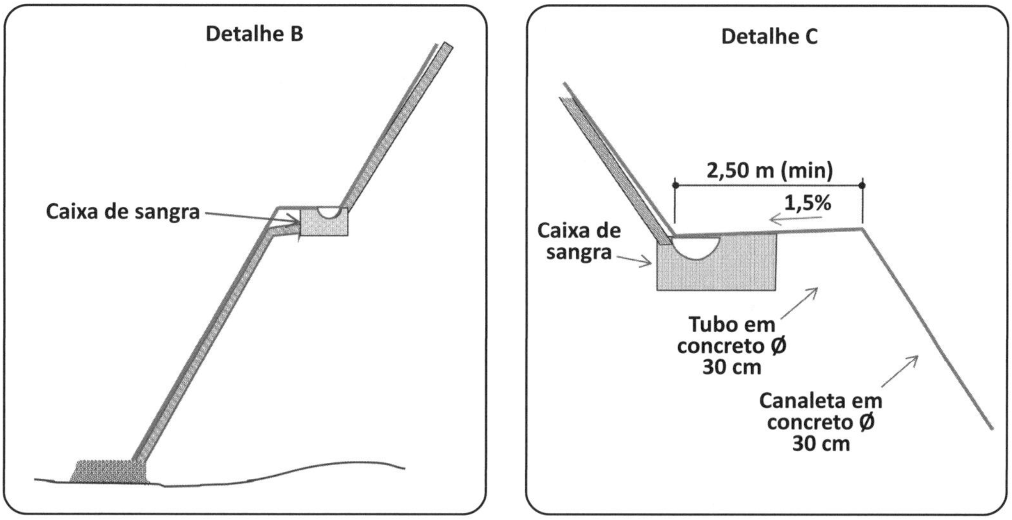

Figura 7.2 – Projeto básico de drenagem.

Fonte: Elaboração própria.

Observações II

- Todos os taludes deverão ser gramados com o tipo adequado para a região.
- As descidas de água serão conduzidas por canaletas (meia cana) de concreto Ø 0,30 m, encaixadas nos taludes.
- As ligações horizontais de água serão em tubos de concreto Ø 0,30 m.
- As caixas de sangra serão em alvenaria de blocos de concreto estruturado.

CAPÍTULO 8

O impasse político e a concorrência para execução da obra

Com o *projeto básico do aterro pronto* e o *executivo em fase final*, o Departamento de Obras decidiu abrir concorrência para a execução da obra desse aterro. Se o Departamento de Obras da prefeitura não tinha experiência em obras de movimento de terra, pelo menos a prefeitura possuía prática em obras edilícias, ou seja: obras de escolas, centros de saúde, creche, estação rodoviária etc.

As regras da concorrência da construção do aterro seriam:

- A empreiteira concorrente deveria comprovar por declarações oficiais ter executado nos últimos cinco anos, no mínimo, três obras de movimento de terra do porte igual ou maior do que a obra em pauta.
- O capital social da proponente deve ser, nesse ano de 2018 (ano fictício de referência), de, no mínimo, R$ 12.000.000,00.[1]
- A empreiteira a ser contratada iria receber por preços unitários de serviços da execução do aterro.

---

1 Apesar de muito perguntar ao consultor jurídico Dr. Adamastor a importância dessa exigência, ele nada explicava e mandava o pessoal do Departamento de Obras fazer cursos de administração de empresas.

- A empreiteira deverá apresentar o valor que resulta da multiplicação das quantidades de serviços estimados nos documentos do projeto multiplicados pelos preços unitários da proposta.
- O pagamento da prefeitura, de cada parcela para a empreiteira, seria mensal, até o dia 10 de cada mês, e sempre correspondendo a serviços executados e aprovados no mês findo (medição).
- A empreiteira deveria, na fase de proposta, mostrar quais serviços seriam remunerados.
- A empreiteira deveria indicar os equipamentos de movimento de terra que manteria na obra.
- A empreiteira poderia subcontratar serviços, principalmente de caminhões.
- A empreiteira poderia subcontratar mão de obra, desde que essa mão de obra fosse registrada conforme Consolidação da Legislação do Trabalho (CLT).
- Seria feita uma retenção de 10% dos valores resultantes das medições como garantia de qualidade.
- A empreiteira poderia substituir esses valores retidos por fianças bancárias, já que a inflação estava alta.
- A empreiteira deveria propor o prazo de execução da obra, que não poderia exceder cinco meses.
- A empreiteira deveria, na contratação de pessoal, dar preferência à mão de obra local.[2]
- A empreiteira deveria contratar e usar mão de obra de estudantes (no mínimo dez estudantes) da escola de construção civil existente na cidade.[3]
- Se a empreiteira tivesse de pagar pelo solo de empréstimo, esse valor seria reembolsado pela prefeitura.

E o edital da prefeitura avisava: será considerada vencedora da disputa a concorrente que der o menor preço global, resultante da multiplicação dos serviços previstos no edital pelos preços unitários propostos e indicados em cada proposta.

Em detalhes, os serviços a executar estão listados a seguir:

- instalação de canteiro no local da obra do aterro;
- escavação da área de empréstimo, área próxima do local do aterro;
- recomposição da área de empréstimo após o término dos trabalhos no local;
- transporte do material da área de empréstimo até o local do aterro;

---

2 Clausula inútil, pois é do interesse da empreiteira usar para tarefas simples mão de obra local.

3 Exigência do prefeito, pois ele estudara nessa escola de nível médio.

- compactação do material (solo) do aterro segundo as normas do DNIT, compactação essa que corresponde ao principal objeto da contratação;
- pavimentação do piso carroçável do aterro com paralelepípedo cor de rosa;
- duas passarelas de pedestres no aterro, conforme projeto;
- sistema de drenagem de um lado e de outro, composto por bocas de lobo, tubos de escoamento até o ponto mais baixo do aterro e a construção de "rip rap" de proteção, contra a erosão da chegada das águas transportadas pelos tubos;
- sistema de sinalização noturna nas passarelas;
- construção de laboratório de solos conforme projeto que fazia parte do edital de convocação;
- pequenas obras complementares detalhadas no projeto, que fazia parte do edital de convocação;
- manutenção por três meses da obra executada e aceita pela prefeitura.[4]

Para executar todas essas tarefas dentro do prazo estipulado, a empreiteira deveria mobilizar uma patrulha de equipamentos que constaria, no mínimo, de:

- ▹ 2 tratores pesados, tipo D6 ou D8;
- ▹ 2 retroescavadeiras grandes;
- ▹ 1 retroescavadeira pequena;
- ▹ 1 rolo de compactação liso;
- ▹ 2 rolos de compactação tipo "pé de carneiro";
- ▹ 1 trator agrícola com grade;
- ▹ 1 motoniveladora média (Patrol);
- ▹ 1 caminhão pipa para água com aspersor;
- ▹ 1 caminhão comboio (tanque para combustível e lubrificantes, além de manutenção dos equipamentos);
- ▹ 5 caminhões basculantes toco;
- ▹ 10 caminhões basculantes trucados.

Essa frota era a mínima necessária para executar o serviço dentro do prazo contratado, segundo a projetista. Evidentemente não era necessário que ela estivesse completa todo tempo, mas os equipamentos deveriam estar disponíveis na hora certa, sempre que necessário.

---

4 Ninguém da prefeitura percebeu a não previsão do custo da remoção e do descarte do solo do aterro, e com todos os cuidados de disposição em relação ao meio ambiente. Mais um custo adicional a ser pago à empreiteira que o pobre Prefeito Ataxerxes vai ter de aceitar...

Atendendo ao edital, apresentaram propostas de execução do aterro quatro construtoras que trabalhavam rotineiramente na região. Foram elas:

- Construtora Céu Azul S/A;
- Construções Integradas para o Progresso Ltda;
- João Pedro e Altair Construções em Geral Ltda; e
- Rabadan Construções Ltda.

Quem apresentou proposta de acordo com o edital e com o *menor preço* foi a Construções Integradas para o Progresso Ltda.

Aí surgiu um impasse. Tanto a Construtora Céu Azul como a Rabadan Construções apresentaram certidões comprovando ter enorme experiência em obras de solos, mas seus preços eram bem maiores que o preço da Construções Integradas.

O Prefeito Ataxerxes ponderou que, mesmo tendo maioria folgada na Câmara de Vereadores de Pedra Rosa, não poderia contratar uma obra mais cara e, portanto, optou pela contratação da empreiteira Construções Integradas, a construtora que fez a proposta de menor valor.

Quinze dias após a assinatura do contrato, as obras começaram, com a chegada das primeiras máquinas de movimento de terra.

Como disse o líder romano Júlio Cesar em Latim:

"*Alea jacta est*", ou seja, "Os dados foram lançados"...

Apresentemos as propostas de remuneração (preços) dos concorrentes:

Construtora Céu Azul S/A	R$ 54.500.000,00
✓ Construções Integradas para o Progresso Ltda.	R$ 46.230.000,00
João Pedro e Altair Construções Gerais Ltda.	R$ 52.030.000,00
Rabadan Construções Ltda.	R$ 59.319.000,00

Obs.: O Departamento de Obras perguntou ao consultor jurídico Dr. Adamastor quanto à diferença para a contratação de firmas dos tipos S/A e Ltda., ao que o jurisconsulto respondeu:

– Sou consultor jurídico e não professor. Engenheiros, arquitetos, tecnólogos e topógrafos devem fazer cursos de administração de empresas. Em várias outras concorrências dessa prefeitura já respondi a esse tipo de pergunta. Não respondo outra vez...

Fiscalização dos trabalhos da empreiteira:

Cabe sempre ao contratante, seja ele quem for, pessoa física ou jurídica, ou entidade pública. O contratante poderá, a seu critério, empregar uma empresa ou um profissional para efetuar esse trabalho, porém ele só terá valor jurídico se for executado por profissional registrado, acompanhado de uma Anotação de Responsabilidade Técnica (ART) emitida pelo CREA ou um Registro de Responsabilidade Técnica (RRT) emitido pelo CAO.

No caso de Pedra Rosa, a fiscalização seria feita pela própria projetista, com supervisão do Engenheiro Antônio e do Arquiteto Alfredo, que eram funcionários da prefeitura.

Algumas máquinas de terraplanagem

Figura 8.1 – Algumas máquinas de terraplanagem. (continua)

Algumas máquinas de terraplanagem

Trator agrícola pequeno

Grade aradora

Caminhão pipa

Dispositivo aguadeiro

Caminhão basculante trucado

Caminhão basculante toco

Figura 8.1 – Algumas máquinas de terraplanagem.

Fonte: Catálogos dos fabricantes.

CAPÍTULO 9

Necessidade de obtenção formal de concordância de proprietário de uma área para cessão de solo de empréstimo

O Dr. Adamastor, advogado da prefeitura, com a formalidade dos jurisconsultos, pediu uma audiência com o Prefeito Ataxerxes. Como o jurisconsulto (advogado principal da prefeitura) estava para se aposentar, o pedido da audiência indicava algo grave. De pronto o prefeito marcou a reunião. O Dr. Adamastor logo atacou e o assunto era o famoso aterro, algo sobre o que todos conversavam na prefeitura de Pedra Rosa:

> *– Não devemos usar a expressão "área de empréstimo" a fim de usar esse solo para fazer o aterro, pois em termos semânticos, ou seja,* em termos para entender mesmo, *o solo de empréstimo é solo de doação definitiva, ou seja, de posse definitiva e plena, pois não se pretende que ele volte para seu local de origem.*
>
> *Para usarmos um solo de terceiros precisaremos de autorização do proprietário do local a ser escavado. Não podemos transferir essa missão de retirada de solo para a empreiteira, pois ela não tem poder para fazer isso.*
>
> *Só a prefeitura pode, com o seu poder discricionário (o Dr. Adamastor adorava termos pomposos e do Latim*[1]*), desapropriar um lote, lógico, se estiver situado nos limites do município. Mas para desapropriar e tomar posse e já ir tirando o solo tão desejado, será necessário pagar no mínimo, como entrada, o chamado valor venal do lote, ou seja, o valor que consta no imposto municipal.*

---

1 Como respeito histórico, os textos do Dr. Adamastor, quando usava a língua mãe da qual nasceu o português, empregavam o Latim, sempre com a primeira letra na forma maiúscula. *Noblesse oblige...*

O problema é que, como sabemos, o caixa da prefeitura está baixo e teremos dificuldades em pagar esse valor inicial. Digo que às vezes, mesmo depositando o valor na conta do proprietário, ele pode vir a recorrer judicialmente, por achar o valor venal muito baixo e injusto para a base de cálculo da indenização.

O Prefeito Ataxerxes começou a ficar muito preocupado com todas as delongas para poder começar as obras de escavação para a obtenção do solo de "não empréstimo" (expressão vernacular e jurídica do Dr. Adamastor), sendo coerente com o estrito termo semântico, tão bem usado pelo nosso mestre Camões...

O Prefeito Ataxexes inquiriu:

- Então, pelo que o senhor diz, para começar a obra teremos que ter o acesso ao solo do "não empréstimo"; teremos que esperar muito e com isso a obra terá seu cronograma estourado...?!

Dr. Ataxerxes esperava essa frase nervosa, e então esclareceu:

- Por sorte, o dono do terreno de "não empréstimo" escolhido, a partir de uma análise técnica, também é dono de duas pedreiras, muito lucrativas, como aliás são todas as pedreiras do nosso município.

Esse proprietário ganha mais com a venda do granito rosa do que com uma valorização do lote em questão. Proponho então que o senhor prefeito convide todos os donos de pedreiras do município e todos eles, compondo um só grupo de interesse, formem uma caixa de valores e comprem o lote do "não empréstimo" ou comprem singelamente o direito de uso do "solo". Todos os donos de pedreiras vão ganhar com o cumprimento dos prazos da obra.

Assim foi feito. Até porque, dos doze donos de pedreiras, onze deles viram que, com essa "caixinha comunitária", a obra do aterro sairia mais rapidamente e os lucros com a extração e o (mui lucrativo) beneficiamento do granito (corte e polimento, gerando pedras já prontas e cortadas para consumo comercial), que gerava um lucro apreciável, se normalizaria logo!

O acordo foi feito; e o dinheiro da aquisição "do solo de não empréstimo", como ensinara o Dr. Adamastor, foi liberado pelo proprietário do local escolhido, para escavação imediata.

As obras de obtenção por escavação do tão desejado solo de empréstimo (ou de *não empréstimo*) começaram.

Não mais havia nuvens no horizonte, assim pensava o Prefeito Ataxerxes...

Inocente ele...

A construção civil é sempre um caixinha de surpresas em termos de custos e de prazos, principalmente...

CAPÍTULO 10

Categorias de solos

Recordando, a escavação é considerada um dos processos mais importantes em uma obra, sendo fundamental para a sustentação e a segurança da estrutura construída. A seguir, o leitor vai conhecer as três categorias de escavação e o processo utilizado em cada uma.

Ao se planejar a escavação deve-se levar em conta o tipo de solo e de material que será escavado, além da carga e do transporte de resíduos, utilização de diferentes máquinas, tempo e grau de dificuldade para cada material. O custo do metro cúbico de escavação depende do grau de compacidade do material, por isso a classificação dos materiais deve ser levada em consideração.

10.1 TRÊS CATEGORIAS DE ESCAVAÇÃO EM FUNÇÃO DO TIPO DE SOLO (TIPO DE MATERIAL)

- Material de 1ª categoria: solos em geral, residuais ou sedimentares, seixos rolados ou não, com diâmetro máximo e inferior a 0,15 m, qualquer que seja o teor de umidade apresentado. O material é escavado por tratores escavo-transportadores de pneus, puxados ou empurrados por tratores esteiras de peso compatível ou por escavadeiras hidráulicas.

- Material de 2ª categoria: solos sedimentares em processo adiantado de petrificação e rochas em processo adiantado de deterioração (alteração), de resistência ao desmonte mecânico inferior à da rocha não alterada. A extração é feita por uma combinação de métodos que obriga a utilização do maior equipamento de escarificação, já previsto por contrato. Eventualmente poderá ser necessário o uso de explosivos. Nessa categoria, incluem-se os blocos de rocha de volume inferior a 2 m³ e os matacões ou as pedras de diâmetro médio compreendido entre 0,15 m e 1,00 m.
- Material de 3ª categoria: compreende os materiais com resistência ao desmonte mecânico equivalente à rocha não alterada, e blocos de rocha com diâmetro médio superior a 1,00 m, ou de volume igual ou superior a 2 m³. O trabalho de extração e redução para possibilitar o carregamento é feito com o uso contínuo de explosivos.

Tabela 10.1 Tipos de material

CATEGORIA	MATERIAL	PROCESSO
1ª	Solo	Escavação simples
2ª	Solo resistente	Escarificação
3ª	Rocha	Desmonte com explosivo

Fonte: Elaboração própria.

O material de 2ª categoria, por ser intermediário, é o de classificação mais difícil e pode gerar discordância entre o cliente e a prestadora de serviço. Observa-se que nem sempre a utilização de explosivo caracteriza um material de 3ª categoria. É preciso que haja um emprego *contínuo* de explosivos. É importante observar, também, que a ocorrência de matacões ou rochedos requer a aferição de sua dimensão para fins de classificação em 1ª ou 2ª categoria. Embora exista a classificação do material de escavação, podem ocorrer duas ou até três categorias num mesmo corte, surgindo dúvidas a respeito de valores contratuais, visto que, quanto mais complexo o trabalho de escavação, maior será o valor cobrado.

Uma maneira de elucidar dúvidas relativas à classificação do que se entende por 1ª, 2ª e 3ª categorias de material, durante a escavação, é por meio de fotos tiradas na própria obra. Fotos de valas abertas e grandes cortes verticais ajudam a definir critérios de separação e facilitam a classificação e a medição.

Obs.: A norma DNIT 108/2009 estabelece que:

Em regiões onde houver ocorrência de materiais rochosos, e na falta de materiais de 1ª ou 2ª categoria, admite-se, desde que devidamente especificado no projeto de engenharia, o emprego desses materiais de 3ª categoria (rochas), atendidas as condições prescritas no projeto de engenharia e o disposto na subseção 5.3 – Execução.

Ver Normas completas do DNIT no Anexo A.

CAPÍTULO 11
Perguntas de "pré-leitores" deste texto

Como é rotina do autor Manoel Henrique Campos Botelho, ele, antes de publicar um texto, submete-o a vários fiéis leitores para receber comentários e contribuições.

Vejamos algumas perguntas e respostas.

Pergunta nº 1: leitor Francisco de Assis, do estado de São Paulo:

Quando o autor fala do velho aterro e atribui seu colapso estrutural a fortes chuvas e ao fato de a construção desse aterro não ter tomado todos os cuidados previstos pelas normas técnicas, será que essa foi a real causa do desmoronamento do velho aterro?

Pergunto, diante do exposto, sobre o importante assunto "solos moles" e até o possível "solos muito moles", sobre o qual o velho aterro se apoiou. Não seria um deles o causador do colapso, devidamente ajudado pelas fortes chuvas e pela falta de sistemas de drenagem superficial?[1]

---

[1] Outra não orientação do Professor Eurico Cerrutti:

No deserto do Saara faz 300.000 anos que não chove e estudos teóricos anteveem que nos próximos 200.000 anos não choverá. Mas se vocês fizerem um muro de arrimo no deserto do Saara é sempre prudente fazer a drenagem nesse muro...

Resposta do autor MHCB:

– Sim, a ocorrência de "solo mole" e o mais terrível "solo muito mole" pode ter sido uma das causas do colapso do velho aterro. Para o novo aterro, se encontrássemos solo mole, além daquele superficial, ele seria removido e trocado, colocando ali outro tipo de material. Se isso acontecer no local do novo aterro, que é o mesmo local do velho aterro, como consequência, ocorreriam custos não previstos. O Prefeito Ataxerxes, se isso acontecer, vai então ficar uma fera com o aumento dos custos.

Pergunta nº 2: leitor Alfredo, de Belo Horizonte-MG:

Imaginemos uma outra obra de aterro para a qual podemos usar três tipos de solo provenientes de três locais. As distâncias da obra aos três locais de empréstimos são quase iguais e outros dados são iguais. As diferenças dos solos dos três locais é a sua geologia. Um local tinha solo de empréstimo argiloso, um outro local tinha solo muito siltoso e o terceiro local, onde o solo é arenoso. Em termos de custos de execução, qual é o mais custoso, o medianamente custoso e o menos custoso?

Resposta:

Os solos mais confiáveis sempre são os argilosos, em segunda posição, em termos de confiança, os solos arenosos e em terceiro lugar vêm os solos muito siltosos, solos esses sem nenhuma personalidade, e por vezes até algo traiçoeiros; aliás, como a personagem "Capitu",[2] *do livro* Dom Casmurro, *de Machado de Assis.*

Não escolha, como material de empréstimo (ou de não empréstimo, como diria o Dr. Adamastor), o local de solo muito siltoso. Todavia, foi executado – usando como material de empréstimo solo muito siltoso, no Vale do Paraíba, São Paulo, com os devidos cuidados – *um enorme aterro para gerar um grande reservatório hídrico.*

Obs.: É muito difícil encontrar um solo puramente siltoso. Geralmente, ele aparece misturado, entranhado nas argilas, com maior ou menor teor. Nos solos arenosos esse entranhamento também pode ocorrer, mas em menor teor, pois um fluxo de água (lençol freático, por exemplo) pode removê-lo, separando da areia. É isso que ocorre, artificialmente, nas jazidas de extração de areia: ela é "lavada" para deixá-la "pura" e poder ser utilizada em uma obra, por exemplo. Já no solo siltoargiloso essa remoção é muito mais difícil. Embora suas partículas sejam maiores do que as das argilas (e menores do que as das areias), por não terem coesão, só podem ser removidas por processos mecânicos ou químicos.

O silte "puro", seco, na verdade é um pó muito fino e, ao contrário das argilas, não tem coesão senão saturado com água (ou outro líquido), processo mediante o qual se constitui numa "pasta". Quando essa pasta seca, volta a ficar pulverulenta e se desmonta,

---

[2] Segundo pesquisas mais recentes e de alta confiabilidade genética, Capitu é a maior traidora da literatura brasileira!

a menos que esteja muito bem confinada. Na verdade, os siltes, quando encontrados puros na natureza, são extremamente importantes pelo seu emprego na indústria cerâmica, principalmente, mas também, em outros segmentos industriais. Esse tipo de ocorrência (silte puro) se constitui numa jazida a ser explorada comercialmente. Exemplo de silte puro é o caulim, com vasto emprego na indústria em vários segmentos.

Quando se vê uma água turva, essa turbidez é causada pelo silte, na maior parte das vezes. As argilas dissolvidas na água, com o tempo, decantam, pois têm coesão e formam um conjunto de partículas, o que facilita a decantação ou mesmo a filtragem. Já o silte não passa pelo mesmo processo, ele só é removido da água por ultrafiltragem e/ou reação química com produtos que forçam sua aglutinação e sua decantação, como o sulfato de alumínio, muito usado no tratamento de águas.

CAPÍTULO 12
A importância da drenagem superficial nos aterros

Apesar de ser utilizado solo selecionado e com a maior resistência para alcançar umidade próxima da ótima (umidade ótima que gera a maior resistência) na construção correta nos aterros, o fato de ele ser um corpo de solo exposto à chuva faz com que deva ter um sistema de drenagem superficial dessa água, evitando o empoçamento e uma possível erosão hidráulica. Para isso, em sua parte superior, é preciso que haja bocas de lobo que recolham as águas de chuva; e, por meio de tubos, essa água deve ser disposta num ponto baixo sem causar danos ao maciço terroso.

No caso do aterro em pauta na cidade de Pedra Rosa, ele será pavimentado na sua parte superior, permitindo, dessa maneira, a passagem de caminhões que carregam o granito. O pavimento do aterro – sempre, sempre e sempre com paralelepípedo de granito rosa, de alguma pedreira local –, era assente sobre camada de areia.

Referente à drenagem superficial, para cada um dos lados do piso pavimentado do aterro, deverão existir quatro bocas de lobo a fim de recolher as águas da chuva. Essas águas caem numa caixa sob o passeio, de onde, por meio de uma tubulação de 200 mm, são encaminhadas para uma canaleta de 300 mm que, por sua vez, as conduz para uma caixa de sangra. Dessa caixa, pelo mesmo processo descrito acima, são encaminhadas para o pé do talude, onde uma proteção contra erosão hidráulica, o "rip rap" (enrocamento), as recebe e as direciona sem turbulência para os canais de escoamento.

Ver desenhos e detalhes no Capítulo 7.

Norma DNIT 108:

5.3.15 Havendo a possibilidade de solapamento da saia do aterro, em épocas chuvosas, deve ser providenciada a construção de enrocamento no pé do aterro. Na execução de banquetas laterais ou meios-fios, conjugados com sarjetas revestidas, desde que previstas no projeto, as saídas de água devem ser convenientemente espaçadas e ancoradas na banqueta e na saia do aterro. O detalhamento dessas obras deve ser apresentado no projeto de engenharia.

5.3.16 Sempre que possível, nos locais de travessia de cursos d'água ou passagens superiores, a construção dos aterros deve preceder a das obras-de-arte projetadas. Caso contrário, todas as medidas de precaução devem ser tomadas, a fim de que o método construtivo empregado para a construção dos aterros de acesso não origine movimentos ou tensões indevidas em qualquer obra-de-arte.

Ver normas referentes completas no Anexo A deste livro.

CAPÍTULO 13
O laboratório de solos no local da obra

Desde o início das obras, o Geólogo Alcides fez questão de se instalar na própria obra, junto ao laboratório de solos que deveria ser montado perto do local dos trabalhos a serem executados. Com isso, ele foi orientando e fiscalizando todos os testes do solo. O laboratorista era da firma Solotecnologia.

Alcides compôs uma lista com todos os testes que deveriam ser feitos e quais seriam os equipamentos mínimos de laboratório para realizar esses testes.

O texto a seguir foi obtido da Internet e faz lembrar uma frase filosófica muito comum no campo da tecnologia em geral:

"Não existe resultado melhor de um teste do que a qualidade da sua amostra."

Obs.: O texto a seguir é oriundo de dados do site da conceituada firma "Suporte Solo".

Relacionamos alguns fatores que podem provocar erros na obtenção da curva de compactação durante a execução do ensaio. A seguir, alguns exemplos de possíveis fontes de erros no laboratório:

- Destorroamento incompleto do solo durante a preparação da amostra.
- Homogeneização deficiente da amostra após adição da água (absorção incompleta e desuniforme da água pelo solo).
- Reutilização do solo. Alguns solos são afetados pela recompactação, principalmente alguns solos argilosos ou solos com concreções ferruginosas lateríticas, que apresentam aumento do peso específico seco máximo e diminuição do teor de umidade ótima.
- Número insuficiente de pontos para definição adequada da curva de compactação.
- Base inadequada para apoio do molde durante a compactação.
- Determinação incorreta do volume interno do molde.
- Fatores humanos durante a compactação: distribuição desuniforme dos golpes sobre a superfície da camada; não verticalização do soquete; variações na elevação do soquete; velocidade de aplicação dos golpes; e não liberação total do soquete durante a queda.
- Variação excessiva na espessura de cada camada.
- Determinação do teor de umidade por meio de amostra não representativa.

CAPÍTULO 14

Estudo da compactação dos solos: o mandatório ensaio de Proctor e o moderno ensaio de Hilf

Como dizia Camões: "Cessa tudo quando a antiga musa canta, pois um valor mais alto se levanta."

Como sabido, dividimos os tipos de solos em:

- areias;
- siltes; e
- solos argilosos.

Na natureza encontramos solos com variadas misturas dos tipos de solos acima. Nas praias ocorrem solos arenosos praticamente só com areias. Em outros locais, os solos são, na verdade, misturas de solos, e aí temos solos argiloarenosos, solos siltoargilosos e outras misturas com esses solos em vários teores e composições.

Uma coisa é um fato: os seres humanos, ao construírem usando esses solos misturados, sempre procuravam escolher aqueles que tivessem maior resistência a grandes esforços de compressão ou, numa linguagem popular, solos resistentes ao serem comprimidos. Com o tempo, os construtores observaram que:

a) solos muito secos resistiam pouco à compressão;

b) solos muito úmidos (solos com muita umidade) também resistiam pouco à compressão;

c) solos com média umidade, regra geral, resistem melhor à compressão, a depender da composição desse solo.

Diante dessa verificação, pode-se concluir que existe um grau de umidade que gera maior resistência à compressão do solo em estudo. Essa umidade passou a ser chamada de *umidade ótima*.

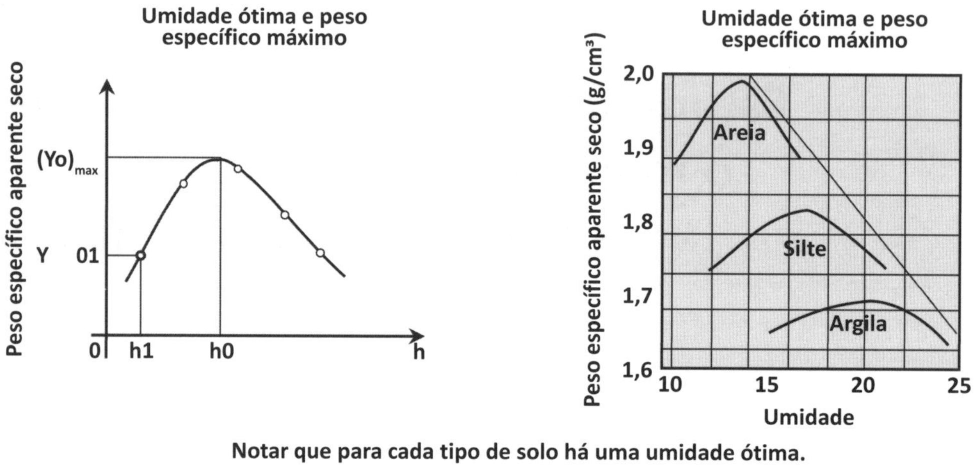

Figura 14.1 – Ensaio Proctor.

Fonte: Elaboração própria.

O engenheiro Proctor[1] (norte-americano), depois de muito ensaiar testes de medida de compressão de solos, sistematizou procedimentos de laboratório de solos para descobrir, para cada composição e qual a umidade ótima, ou seja, a umidade que dava para cada tipo de solo a ótima resistência à compressão (de valor no teste máximo). Para construir aterros e outros tipos de obras, procurou-se trabalhar com solos com o máximo de sua resistência à compressão, pois isso gerava obras com maior resistência e vida útil.

O ensaio proposto e patenteado por Proctor passou a ser o ensaio usado no mundo inteiro na construção com solos. ☠ ☣ ● É o ensaio ou método de Proctor.

Só que o ensaio de Proctor tem um *gravíssimo defeito*: cada ensaio leva muitas horas para ser executado. Portanto, na construção dos aterros, com a colocação das camadas de solos vindas das áreas de empréstimos, tarefa feita continuamente, ficava-se sem saber a qualidade à compressão das camadas – cada uma delas com cerca de 20 ou 30 cm de espessura. Quando saía o resultado, em alguns casos tinha-se que ir gradeando a terra, a fim de revolver a camada já compactada. Isso custava tempo e

1 O inventor do método de laboratório que permite definir qual umidade gera um solo mais resistente à compressão. Essa resistência será a mais importante característica do solo a empregar.

dinheiro. A solução para evitar esse problema era ou parar os trabalhos para aguardar o resultado do teste ou arriscar, considerando a "experiência" do encarregado, e ir tocando o serviço em frente. As duas opções não agradavam ninguém, mas a última era a mais empregada.

O procedimento de uma obra era:

- No início do lançamento da camada, ao constatar que o solo estava chegando muito seco, empregava-se um caminhão aguadeiro e efetuava-se um lançamento controlado de água; depois, passava-se à grade, homogeneizando e umedecendo o solo que vai formar aquela camada, cujo resultado era a obtenção do corpo do aterro.
- Se o solo de cada camada estivesse muito úmido, empregando-se a grade, revolvia-se esse solo até ele perder o excesso de umidade.

Isso orientado pela "experiência" de alguém. Tudo isso era feito com continuidade, pois a obra não pode parar e o ensaio de Proctor dura várias horas. Dessa maneira, ficava-se sem saber logo qual era umidade exata resultante do ensaio em algumas camadas, ou seja, o quanto ela estava longe ou próxima da *umidade ótima*. Só que o lançamento e a compactação já estavam feitos e aí aparecia o "prejuízo"! Surgiram então alguns testes grosseiros e simplificados que "mediam" cada camada assentada. Se fosse verificado que ela estava abaixo do nível de compactação desejado, lá vinha a grade para revolver a terra e, depois, lançar mais água ou revolver mais até secar no nível adequado. Depois, era compactar tudo novamente!

Eis que o engenheiro Hilf idealizou um novo teste mais próximo da verdade (e, portanto, tecnologicamente aceitável), com a vantagem de ser um teste rápido. Com isso, seria denunciador da ocorrência do não atingimento do nível de compactação desejado de uma camada que estava sendo assentada, por estar ou muito seca ou muito úmida. Nesses casos, com baixa resistência à compressão, a solução era começar de novo com a remoção da camada com tais deficiências. Pior ainda se já estivesse sendo lançada uma outra camada sobre a que foi condenada!

Ver Ref. Bibliográfica n. 4 item 30, p. 170.

d) *Método de Hilf – recentemente Hilf idealizou um método que permite conhecer o desvio entre a umidade ótima e a umidade de compactação do aterro e o grau de compactação alcançado sem ser necessária a determinação do teor de umidade do solo no momento da compactação nem a curva de compactação do referido solo. O método de Hilf baseia-se em considerações teóricas simples entre acréscimos de umidade e densidades de compactação e na correlação entre as umidades e pesos específicos máximos dos solos secos, obtida para os solos regionais.* A precisão oferecida pelo método de Hilf é muito satisfatória, *sendo um método que vem tendo amplo uso presentemente (1962).*

Hilf é o nome de J.W. Hilf.

A norma ABNT do método de Hilf é NBR 12.102 MB 343.

A seguir, uma edição condensada de um trecho de uma apostila muito famosa, de autoria dos professores Victor Mello e Alberto H. Teixeira, da Escola de Engenharia de São Carlos – 1962:

> *Os compactadores estáticos consistem de cilindros pesados, de superfície lisa ou denteada, rebocados ou motorizados, que circulam várias vezes sobre o terreno, até que este adquira a densidade desejada. O tipo mais largamente empregado dessa categoria é o rolo "pé de carneiro". Abaixo algumas de suas especificações:*

Cilindro:	*Ø 1,50 m, com protuberâncias soldadas à sua superfície. O peso dele pode ser alterado mediante enchimento com água ou areia.*
Protuberâncias:	*Formas troncocônicas, com altura da ordem de 18 a 25 cm.*
Pressão aplicada:	*Em uma área entre 30 e 40 cm^2 – pressão entre 15 e 30 kg/cm^2.*
Velocidade:	*Máxima de 6 km/hora sobre o aterro.*
Espessura das camadas:	*10 a 20 cm para solos argilosos com número básico entre 8 e 12 passadas e 20 a 30 cm para solos arenosos, mas com número maior de passadas.*
Para umidade inferior à ótima:	*Número de passadas aumenta em relação à umidade superior à ótima.*
Considerações:	*A densidade estabilizada entre uma passada e outra indica que a densidade ótima foi atingida. Depois disso, não adianta passar mais vezes, pois não haverá aumento significativo dessa densidade.*

O rolo liso geralmente é empregado para acabamentos e para selar o solo em caso de chuva. Assim, em caso de previsão de chuvas mais fortes, é efetuado o selamento da superfície do aterro para minimizar a infiltração da água no aterro já executado, pois o solo liso evita a formação de poças de água e veda mais a infiltração.

CAPÍTULO 15

Inicia-se a construção do aterro

Com tudo pronto, vamos iniciar a construção do aterro.

Já conhecemos as características geológicas do solo de empréstimo e a umidade ótima determinada pelo método de Proctor desse solo a ser utilizado.

Definimos a espessura da camada a ser lançada no aterro, que será compactada pela passagem de um dos equipamentos de terraplenagem existentes na obra.

A fiscalização de campo está presente, e para cada camada assentada serão controladas suas características pelo método de Hilf adotando variação de 3% a 5%, no máximo, da umidade ótima do valor desejado, e poderá ser escarificada (criação de ranhuras de solidarização entre camadas).

Será definido o número de passagem do equipamento de compactação, não permitindo uma passagem desse equipamento com muita velocidade, porque, conforme sabemos, a baixa velocidade melhora a compactação.

Será controlado o "grau de compactação" da camada compactada. Chamamos de "grau de compactação" a relação *a/b* sendo *a* a densidade seca do aterro compactado e *b* a densidade seca máxima medida no ensaio de Proctor.

Obs.: Como métodos rápidos e pouco precisos, mas que ajudam a fiscalização da qualidade das camadas de solo em compactação, temos:

- agulha de Proctor (penetrômetro);
- medida de umidade do solo com o uso de frigideiras;
- o método de Hilf – mesmo sendo um teste aproximado, ele é rápido e ajuda a se ter uma noção da qualidade da camada de aterro que sofreu compactação;
- *o ensaio de Proctor é demorado e não permite acompanhar a qualidade das camadas de solo em contínua compactação.*

Empolamento: felizmente o empolamento do solo no nosso empréstimo estava dentro da normalidade; aliás, como era de se esperar, o que otimizaria o transporte desse solo, pois o volume a ser transportado seria cerca de 30% acima do volume escavado. O empolamento é a diferença de volume entre o solo escavado e o solo transportado antes da compactação. Geralmente, é indicado por um índice, que nesse caso seria 1,3. Esse é justamente um dos parâmetros do teste de Proctor: a diferença do volume escavado para o volume compactado. O solo escavado e transportado atingiu uma compactação de 80% do PN (Proctor Normal), o que significa que 1 m^3 de solo escavado virou 1,3 m^3 de solo transportado e 1,125 m^3 de solo compactado. Assim, quanto menor for esse número, melhor a compactação. Se chegarmos a 100% do PN, significa que 1 m^3 de solo escavado ocupou exatamente 1 m^3 de solo compactado.

CAPÍTULO 16

Detalhes da execução do aterro. Problemas nos relacionamentos tecnológico e financeiro com a empreiteira das obras

Mais difíceis que os problemas tecnológicos são os problemas humanos. Vejamos alguns dos problemas que aconteceram na execução do aterro envolvendo a empreiteira contratada Construções Integradas para o Progresso e a firma de projetos e consultoria de solos Solotecnologia Consultoria Ltda.

1) Para iniciar a obra e conseguir cumprir o prazo de três meses de conclusão, a Construções Integradas deveria – e isso estava no edital – ter duas retroescavadeiras na obra, uma para remoção da argila orgânica no local do aterro novo e a outra para escavação na área de empréstimo, mas só chegou uma e a segunda chegou em 15 dias. Isso foi anotado como crítica no diário de obra. Era claro no edital que a Construções Integradas tinha que:

a) Preparar a área de empréstimo removendo a camada do solo com cobertura vegetal (aproximadamente 1 m de espessura) e dispensar para o bota-fora, mas devido ao atraso na chegada da retroescavadeira, isso não estava sendo muito obedecido pela construtora; e o solo de empréstimo que começou a chegar no local do aterro tinha muito material vegetal, tendo que ser descartado ao lado do local do aterro, num bota-

-fora improvisado, causando problema de espaço na obra.

b) Remover a camada de solo orgânico (cerca de 1 m de espessura) na base do aterro, até 2 metros da saia de cada lado (*off set*), enviando-o para o bota-fora. A outra retro grande e a pequena estavam executando esse serviço, mas de maneira muito lenta.

2) Removido o solo orgânico, na execução da camada drenante da base do aterro, o serviço teve de ser refeito duas vezes por não atender ao especificado no projeto.

3) Lançadas as primeiras camadas de solo importado, verificou-se que a velocidade dos rolos pé de carneiro estava excessiva, gerando uma compactação deficiente. Só que, por falha do edital de concorrência, não constava indicação desse limite de velocidade. Falha lamentável do edital.

4) Os tubos de concreto de 300 mm atrasaram para chegar, o que obrigou a diminuição do ritmo da obra durante 2 dias, até que os tubos chegassem, fossem colocados nos lastros, chumbados e envolvidos por uma camada de terra compactada manualmente para permitir a passagem das máquinas por cima.

5) Os operadores dos equipamentos não respeitavam o técnico do laboratório de solos instalado nas proximidades do local do aterro e começou a ficar difícil recolher amostras do solo compactado para fazer os muito importantes ensaios, entre eles o de Hilf.

6) Os operadores dos caminhões aguadeiros que pertenciam à construtora e que tinham missão de controlar a adição de água para ajustar a umidade do solo já lançado (sempre na procura do máximo de compactação) não atendiam os técnicos do laboratório; eles estavam despejando água demais, causando saturação e lama. Por várias vezes a umidade ótima foi ultrapassada e o trator agrícola (vulgo girica) teve de gradear o solo lançado a fim de eliminar esse excesso. O despreparo era tanto que o pessoal do caminhão aguadeiro achava que a irrigação era para uma futura plantação de algum vegetal!!! Só com o tempo é que eles entenderam que estavam irrigando solos para gerar um aterro com adequada resistência. Falha dos motoristas ou falha da empreiteira, que não preparou a mão de obra (local) para ter consciência e saber da importância do seu próprio trabalho. Chegava na obra um solo de empréstimo cheio de torrões muito grandes, quando o certo seria escarificar e destorroar (esmagar os torrões) esse solo, facilitando o lançamento e a compactação dele.

7) Um dia estourou uma bomba organizacional. Havia dois operadores, um para cada rolo pé de carneiro. Os nomes dos operadores eram: Asvaltenciro e Juvênio. Asvaltenciro era interessado e cuidadoso, atendendo a todas as regras do uso do equipamento. Eis que num dia Asvaltenciro foi deslocado para uma outra obra, bem distante, mas que era mais rentável para a empreiteira. A obra de Pedra Rosa ficou só com o Juvênio, que era algo de-

sinteressado; portanto, deram início ao treinamento de um novo operário de nome Alcebíades, como operador do rolo pé de carneiro. Com a nova dupla, a compactação do aterro demorou mais tempo e foi executada com algumas deficiências.[1] Também, tendo como mestre orientador o Juvênio, muita coisa boa não se poderia esperar.

8) Problema trabalhista: o responsável pelo laboratório de solos do campo e que atuava bem era da firma Solotecnologia e, por seu contrato, só trabalhava até as 17h. Entretanto, os operadores dos rolos pé de carneiro, para ganhar mais, queriam trabalhar até as 18h, pois nessa hora ainda havia iluminação natural suficiente. Conclusão: a terraplenagem, das 17 às 18h, não tinha controle de qualidade da compactação. Pobre do Hilf. 💣 ☹

9) Por problemas financeiros, a prefeitura atrasou ☣ 💰 o pagamento do mês devido, e a construtora, que devia ter, no início da obra, ido a um banco para prever um empréstimo de curtíssimo prazo a fim de resolver esse tipo de problema, nada tinha feito; e, também com falta de caixa, atrasou o pagamento da mão de obra... O ambiente da obra ficou péssimo e tudo parou. Só depois de três dias, com um pagamento da prefeitura à empreiteira e, consequentemente, o pagamento da mão de obra, a execução do aterro recomeçou... Toda empreiteira de obra pública deveria ter esse contrato com um banco para cobrir tal situação – e cabe ao contratante (no caso, a prefeitura) pagar um adicional igual ao valor dos juros e das taxas referentes ao empréstimo bancário e às multas devidas aos fornecedores. Aliás, os funcionários também deveriam ser indenizados pelo atraso. Mas dificilmente isso acontece! E ainda poderiam ser descontados pelos dias de "greve".

10) Uma coisa é sagrada no mundo dos negócios:

Não se atrasa pagamento de mão de obra... 👽 👽 💰

[1] Dizem que isso acontece em todas as obras e a prefeitura passou a aceitar as deficiências. A outra atitude seria romper o contrato, com maiores consequências em relação a prazos e qualidade...

Isso já aconteceu com o caro leitor?

CAPÍTULO 17

Chegando ao fim da obra do aterro de Pedra Rosa

A obra do aterro vai chegando ao fim. Sente-se no ar a sensação da finitude. O laboratório de solos começa a ser desmontado. Pequenos reparos são executados. Moradores da redondeza e que fizeram amizade com o pessoal da obra vêm se despedir. A construtora Construções Integradas para o Progresso promoveu um churrasco de confraternização entre todos os participantes, inclusive moradores próximos.

Essa construtora apresentou sua última cobrança financeira à prefeitura e pediu a liberação da retenção financeira cobrada em cada pagamento, o que foi recusado pela prefeitura, pois o Departamento Técnico da prefeitura queria reter essa garantia por um prazo maior, para o caso de ocorrerem falhas ou defeitos de responsabilidade da construtora.

Chegou o dia da inauguração do aterro, com quase tudo pronto; e inclua-se aí a pavimentação do piso do aterro com o famoso granito rosa. Faltavam ainda alguns pequenos acabamentos e detalhes, mas agora a obra já podia ser utilizada. Surgiu então uma dúvida: qual seria o primeiro caminhão que passaria pelo aterro? O Prefeito Ataxerxes, o mestre de cerimônias, decidiu. Ele, o prefeito, seria o primeiro a passar, e o caminhão a ser usado seria do dono do local de onde se retirou o solo de empréstimo – ou, se quisermos usar a expressão semântica do Dr. Adamastor, "solo de não empréstimo".

O vereador Anastácio, líder da oposição na Câmara, participou da inauguração, sendo até citado no discurso do Prefeito Ataxerxes, sempre pensando na aprovação de suas contas pela Câmara Municipal, entre as quais as caras despesas com a construção do aterro e com muitos e muitos acréscimos, nunca dantes imaginados...

Uma não convidada compareceu, mas só observou e analisou o que estava vendo. Não falou nada nem comentou com ninguém, mas nesse momento teve uma ideia. A arquiteta Pâmela achou tudo muito triste e pouco inspirador; e essa ideia que teve deveria mudar bastante essa impressão que, ela imaginava, não era só dela.

Dentro de alguns dias, ela iria procurar o prefeito e lhe fazer uma proposta!

CAPÍTULO 18

Cuidados na manutenção de aterros

Um aterro é uma obra de terra sem maiores capacidades de defesa contra imprevistos, como são, ao contrário, e por exemplo, obras de concreto armado. Um dos grandes inimigos dos aterros é a água, como a da chuva; e, no caso de aterro formador de um lago (reservatório) – o que é bem comum e muito importante – a água, se não tiver um sistema de drenagem, pode penetrar no maciço de terra de maneira indisciplinada, podendo chegar a erodir (destruir) esse maciço de solo.

Vejamos, em duas notas técnicas, cuidados de manutenção e eventual correção para proteger aterros.

Obs. 1 – Os cuidados rotineiros principais de manutenção no caso de aterros são:

- Atenção para vandalismo; se ocorrer, é importante corrigir com presteza os efeitos desse ato.
- Uso incorreto. Não é o caso de vandalismo. No vandalismo existe a vontade de destruir, de danificar. No caso de uso incorreto, não há a vontade de destruir ou danificar, apenas ocorre um problema na utilização. Jogar lixo na estrada e, com maiores consequências, em aterros é um exemplo de uso incorreto. O lixo, além do dano estético, pode entupir o sistema de drenagem superficial do aterro; com isso, no caso de fortes chuvas, pode haver a passagem de águas em um local sem proteção, gerando erosão, que pode ser progressiva.

- Um outro uso incorreto é a retirada de terra do maciço de um aterro por **irresponsáveis terceiros,** ☹ 💣 ☠ para usos diversos.
- Necessidade de limpeza periódica (desentupimento) das bocas de lobo e de tubos ligados às caixas de coleta de água.

O uso de revestimento com grama é uma forma de proteção de taludes de terra.

Ver norma DNIT 108.

> *5.3.14 A fim de proteger os taludes contra os efeitos da erosão, deve ser procedida a sua conveniente drenagem e obras de proteção, mediante a plantação de gramíneas ou a execução de patamares, com o objetivo de diminuir o efeito erosivo da água, tudo em conformidade com o estabelecido no projeto de engenharia.*

Obs. 2 – O inacreditável reforço da barragem de terra (aterro hidráulico) do Guarapiranga (São Paulo-SP) usando uma quantidade imensa de perfis metálicos.

Na década de 1906, o grupo inglês Light construiu um maravilhoso sistema de aproveitamento hidroelétrico para servir à região da capital de São Paulo. Como uma das obras do sistema, foi construído o Reservatório Guarapiranga, usando as águas do rio de mesmo nome, o que resultou, na periferia da cidade, em um reservatório com cerca de 50.000.000 m^3. Para criá-lo, foi executado um aterro com cerca de 800 m de extensão, usando o processo do aterro hidráulico, que na época tinha o nome de *método de hidromecanização*. E de onde foram buscar solo para criar o aterro? Por sorte, a margem esquerda do futuro aterro era de uma montanha de baixa altura e a ideia de retirar hidraulicamente o seu solo se impôs. Diante disso, foram usadas bombas hidráulicas que tiravam água do rio Guarapiranga e a lançava com velocidade. Um erro muito comum é dizer que se lança água *com pressão contra a montanha de baixa altura*. Na verdade, a pressão só existe no interior dos dutos. No nosso caso é lançar água *com velocidade contra a montanha de baixa altura*. Para conduzir o solo erodido pelo jato de água foi construída uma estrutura de madeira tipo calha, de cerca de 800 m de extensão, para ir formando o aterro hidráulico. Tudo isso no ano 1906. O solo do aterro possivelmente foi compactado com os reduzidos recursos de então, talvez usando compactação do solo lançado com sapos (compactador manual).

Nota histórica: atribui-se ao engenheiro austríaco (mas nascido em Praga, atual República Tcheca), Karl Von Terzaghi, professor na Universidade de Harvard (EUA), os primeiros artigos de sistematização da técnica do uso de solos na engenharia civil. Mas talvez tenhamos o direito de imaginar que algumas práticas no assunto solos já existissem há muito tempo. Um exemplo seria a importantíssima compactação dos solos, *aumentando seu peso específico e principalmente aumentando sua resistência*. E, para compactar, naquela época talvez se usassem rudimentares soquetes individuais. Assim, a barragem do Reservatório Guarapiranga foi construída, com os melhores cuidados existentes na época. Mas esses cuidados não eram suficientes e alguns anos depois começou a ocorrer infiltração não desejável de água pelo maciço de solos. Dessa infiltração começou a ocorrer afloramento de água em ponto a jusante do aterro. Isso significava risco de erosão hidráulica (chamada de "*piping*"), que pode destruir toda a obra da barragem de terra.

Conta um excelente livro que, para combater essa infiltração, criou-se uma barreira dentro do maciço de terra, usando perfis metálicos, tipo estaca-prancha. Lembremos que estávamos no início do século XX (1908) e o parque industrial brasileiro era mínimo. Os perfis metálicos possivelmente tiveram de ser importados do exterior. E a quantidade de perfis usados foi enorme, a saber:

- 1.200 estacas-prancha de 30 cm de largura e 1.150 estacas-prancha de 15 cm de largura.

(Ref. Livro *Guarapiranga 100 anos*, de autoria de Ricardo Araújo e Mariângela Solia, p. 64. Publicação da Fundação Energia e Saneamento a partir de Relatório Anual da Light – 1908). É claro que essas estacas-prancha foram cravadas com bate-estaca, conforme se explica nesse livro.

CAPÍTULO 19

Comentários ao estilo shakespeariano, portanto sempre críticos, sobre a obra do aterro, feitos pelo cidadão Alcebíades

Como em toda cidade, havia opiniões divergentes sobre a reconstrução do aterro que ruíra. Havia o Senhor Alcebíades, que na sua juventude fizera parte de grupo teatral que encenava peças de William Shakespeare. Esses comentários críticos eram feitos num bar que reunia os inimigos da nova obra. O nome do bar era "A boca do inferno".

Falemos algo de Shakespeare. Ele é o maior criador de peças de teatro em língua inglesa. Suas peças analisam os sentimentos mais humanos, por vezes até terríveis, envolvendo traições, mortes, perseguições e amores traídos. As peças de Shakespeare são criações ligadas ao íntimo de pessoas e, por méritos do seu autor, *têm alta qualidade psicológica*. Interpretar uma peça shakesperiana é considerado, para os jovens artistas, um grande desafio, algo pelo fato de mexer e cutucar o mais fundo da alma humana.

Uma frase do personagem mais famoso (Hamlet):

Ser ou não ser, eis a questão...

Enquanto fala Hamlet, ele segura uma caveira humana, com o significado da existência como um ser humano, com todos os seus conflitos.

Mas passemos aos *comentários do Alcebíades* sobre a obra de restauração do aterro que fortes chuvas tinham destruído por completo.

💣 ☠ ☠ ☣ 👽 *Comentário n.º 1*

É um erro a construção de um novo aterro. Aterros exigem acompanhamento e manutenção de sua estrutura usando solos. Se, ao invés de um aterro, fizéssemos uma ponte de concreto armado, é muito mais simples a manutenção. O concreto armado é o melhor amigo do homem. Não atraiçoemos essa nossa amiga, a estrutura de concreto armado. Ela pode se vingar de nós...

💣 ☠ ☠ ☣ 👽 *Comentário n.º 2*

Foram procurar uma zona de empréstimo de solos dentro dos limites territoriais municipais de Pedra Rosa. E se o melhor solo de empréstimo estivesse fora dos limites do município?

Não se deve executar obras com preconceitos na cabeça. Deveriam ter pesquisado solos também fora dos limites do nosso município.

Como diria Shakespeare:

– O melhor solo deve ser procurado onde existir, assim como ser ou não ser...

💣 ☠ ☠ ☣ 👽 *Comentário n.º 3*

Desafiando sacrilegicamente a mãe natureza, está prevista a colocação de drenagem na parte mais funda do aterro, com apenas dois tubos para deixar as águas de chuva passarem. Mas isso é insuficiente, pois esses tubos podem entupir com lodo do terreno e material vegetal como galhos trazidos pelas águas. Se houver entupimento dos dois tubos, as águas de chuva se acumularão, transformando o aterro em um dique de retenção de águas, ou seja, um açude, e esse novo aterro não tem dispositivos de segurança para prevenir a situação. Estamos diante de uma heresia das piores. Para não sermos sacrílegos, coloquemos quatro tubos para deixar passar a possível vazão de águas de chuva do fundo do aterro...

💣 ☠ ☠ ☣ 👽 *Comentário n.º 4*

Tipo de tubo

Falta indicar o material dos quatro tubos agora recomendados de drenagem inferior. Seguramente esses tubos devem ser de concreto armado, resistentes à carga de solo sobre os tubos. Na falta no projeto da especificação do tipo de tubo, o construtor, sempre preocupado com custos, pode querer colocar tubos de plástico, que são altamente deformáveis e pouco resistentes.

💣 ☠ ☠ ☣ 👽 *Comentário n.º 5*

Comentário anti-herético respeitando verdades eternas e obedientes a dogmas sagrados.

Tubos enterrados têm que ter berço de apoio de britas ou eventualmente de concreto armado. Prever isso nos documentos do projeto. Esses tubos, eventualmente sem berço, são amaldiçoados por tradição milenar.

Todos os livros sagrados da respeitabilíssima fornecedora ARMCO indicam a necessidade imperiosa de existirem esses berços de apoio.

E, por heresia das heresias, talvez um caso de iconoclasta a tubos, o projeto não previu ou especificou os berços (ou lastros) e os reaterros dos tubos de drenagem. E a empreiteira, evidentemente, não os executou conforme a regra. Veja a seguir os berços (ou lastros) adequados para assentamento de tubos de drenagem, particularmente os de concreto, os de PVC, os de polietileno ou afins. Tubos metálicos podem adotar outros processos.

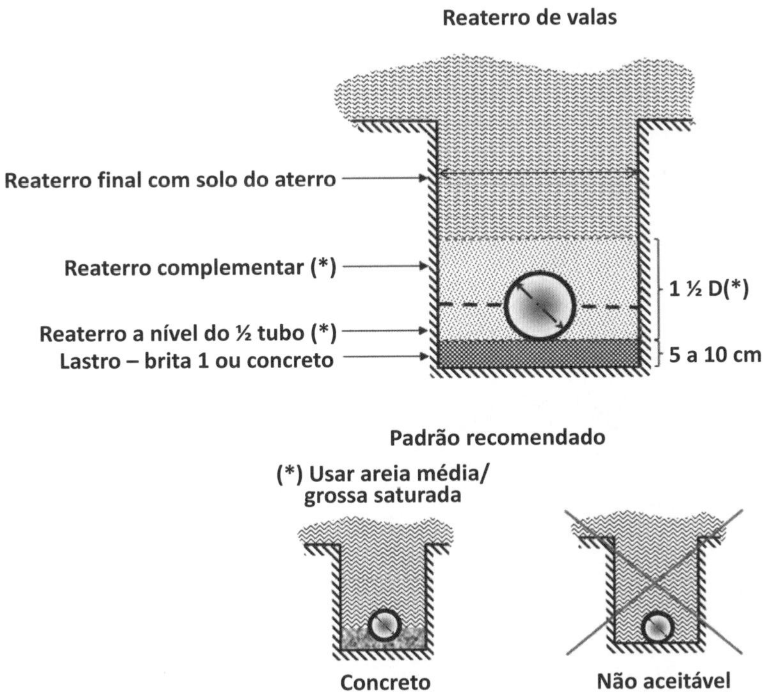

Figura 19.1 – Reaterro de valas.

Fonte: Elaboração própria.

Atenção: tubos no pé do aterro devem ser lançados depois que o aterro já atingiu pelo menos a altura correspondente a 2 diâmetros externos do(s) tubo(s). A partir disso, escava-se uma vala com 2 diâmetros também. Executa-se o lastro, assenta-se o(s) tubo(s) e procede-se o reaterro da vala conforme descrito acima. Para 2 ou 3 tubos, manter o afastamento de 1 diâmetro entre eles. Para mais de 3 tubos, por uma questão de segurança, escavar valas paralelas para 2 tubos cada, distantes cerca de 2 diâmetros uma vala da outra.

CAPÍTULO 20

Surge a jovem arquiteta paisagista de nome Pâmela e a questão de dar nome ao aterro. O adequado tratamento paisagístico do local

Com a obra do aterro em Pedra Rosa praticamente no final, eis que solicita uma audiência ao Prefeito Ataxerxes a jovem arquiteta de nome Pâmela, a única arquiteta de raízes familiares em Pedra Rosa. Qual será o motivo do pedido de audiência?

Preparemo-nos para fortes emoções...

Pâmela trabalhava na área de arquitetura e projetos paisagísticos, que eram sua paixão profissional. Era uma mulher moderna e propôs ao prefeito algo inesperado: fazer o projeto paisagístico da área do aterro e proximidades. Nunca a prefeitura de Pedra Rosa tinha tido a oportunidade tão boa e dispor de um local tão adequado para a execução de um belo projeto paisagístico.

O prefeito ficou enormemente feliz com a ideia de ter na sua administração a inédita implantação de um projeto paisagístico. Aí a Arquiteta Pâmela, profissional moderna, complementou:

– *Para avançarmos no trabalho, eu já trouxe até a minha proposta de serviços profissionais...*

Ataxerxes não sabia que a Arquiteta Pâmela era tão objetiva e moderna, e ponderou:

- Arquiteta Pâmela, a ideia é ótima, mas ela não está contemplada no orçamento municipal e eu terei problemas políticos com a sua contratação. Lamento... Não poderei te contratar, apesar da ótima ideia...

A arquiteta estava preparada, como todo soldado que vai para a guerra, e complementou sua ideia:

- Faleceu, faz quatro meses, como sabemos, o Professor Nestor, da nossa cidade; e ele era pai do Vereador Quinzinho, que de vez em quando - erradamente destaque-se - *vota com a oposição na Câmara. Sugiro dar o nome do local a receber o projeto paisagístico em pauta de: "Parque Ecológico e Paisagístico Professor Nestor".*

Com esses argumentos, o Prefeito Ataxerxes viu a beleza das ideias e a estratégica sugestão do nome do parque. Decidiu, então, solicitar ao chefe de gabinete a contratação da Arquiteta Pâmela. Pâmela ficou compromissada, a fazer um orçamento das obras da implantação do "Parque Ecológico e Paisagístico Professor Nestor", no prazo estipulado em 15 dias. O prefeito imediatamente ligou para o Vereador Quinzinho a fim de pedir autorização para uso do nome de seu pai falecido e tão querido professor. Ideia aceita no meio de lágrimas do filho.

Nesses assuntos, o Prefeito Ataxerxes era especialista e usava, em pensamento, a famosa regra:

Quem parte e reparte e não fica com a melhor parte, ou é bobo ou não entende da arte...

E pediu a um assessor que avisasse sobre o feliz evento ao jornal da cidade, o famoso *Arauto Independente de Pedra Bela.*

Em paralelo, circulou em toda a cidade a notícia da criação desse "Parque Ecológico e Paisagístico Professor Nestor". O diretor da única escola municipal de Pedra Rosa teve a ideia de criar entre os alunos um símbolo para ser colocado na futura placa do Parque Ecológico e Paisagístico Professor Nestor; aliás, ex-professor aposentado dessa escola...

Foi um sucesso o concurso entre os alunos e seus familiares, o que ajudou a integrar toda a população da cidade nas obras do aterro! Marketing político pode ser uma arma para emocionar pessoas.

As ideias evoluíam e cresciam em número e qualidade...

Vale a ideia:

"De uma rama, faça um sexto..."

A historieta do novo aterro da Pedra Rosa está terminando...

CAPÍTULO 21

Caso específico de um aterro para formar um reservatório hídrico (represa ou açude)

Açudes são reservatórios para reter água em determinadas épocas do ano e depois usar essa água represada para vários fins, como usos agrícolas e aumento de vazões em rios com finalidades hidroelétricas, por exemplo.

Quando localizados em fazendas para usos agrícolas, a retenção de água na época úmida é estratégica para posterior uso durante a seca.

A retenção do maior volume de água num açude, na maior parte do tempo, pode fazer com que parte dessa água represada penetre dentro do corpo (na maior parte das vezes de solos compactados), e essa penetração pode gerar uma erosão hidráulica, destruindo o maciço terroso.

Para evitar essa erosão hidráulica, durante a construção do açude e com cuidadosos estudos de usos de solo, criam-se no corpo do maciço terroso caminhos preferenciais por onde a água que penetrou percole sem danos ao maciço terroso, como mostrado de maneira simplificada na Figura 21.1.

Barragem de terra com filtro

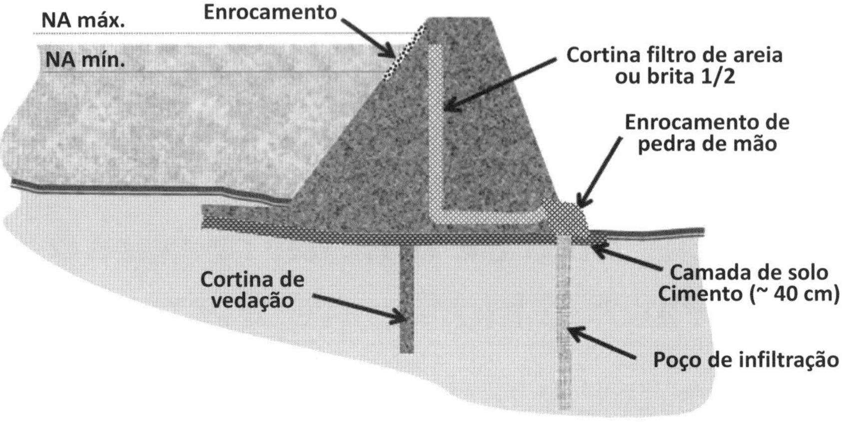

Figura 21.1 – Barragem de terra com filtro.

Fonte: Elaboração própria.

CAPÍTULO 22

Aterro para obras de pequeno porte

Por vezes, um profissional tem de se haver com pequenas obras, mas essas obras devem ser feitas com responsabilidade. Acontece que a literatura tradicional dá pouca atenção a elas.

Apesar disso, o saudoso colega Jason Pereira Marques escreveu um texto para esse tipo de obra que, com saudades do profissional, transcrevemos.

Texto do engenheiro Jason[1]

Recordando meus "bons tempos", devo informar ao colega e amigo que:

"No aterro (1ª classe), com altura de 2,5 m para cobrir uma área de 12.000 m² ~ (100 × 120) e servir de apoio para uma fundação direta, deverá ser utilizado um SOLO ALGO ARGILOSO. Esse aterro deverá ser executado em camadas lançadas (caminhão basculante), espalhadas (moto niveladora) na espessura de 0,30 m (usual) e compactadas (rolo pé de carneiro). Nesse exemplo, as especificações técnicas recomendam uma compactação entre 95 e 100% e um desvio

---

[1] Engenheiro Jason Pereira Marques, formado em Engenharia Civil na Escola de Engenharia da Universidade Presbiteriana Mackenzie. Especialista em obras de solos. Acompanhou obras de barragens de terra em todo o país. Foi professor da disciplina Mecânica dos Solos na Universidade Presbiteriana Mackenzie e na Escola de Engenharia da Fundação Álvares Penteado.

de umidade entre -2 e +2%, em relação aos valores obtidos no ensaio de Proctor normal (densidade máxima e umidade ótima). Tradicionalmente, o método de Hilf fornece no campo os valores que são comparados com os valores do Proctor normal.

No aterro (2ª classe) com altura de 2,0 m, para recompor uma área de 15.000 m² ~ (100 × 150) e servir de apoio para um jardim, poderá ser utilizado um SOLO ALGO ARENOSO OU SILTOSO na sua totalidade, prevendo-se que nos últimos 0,60 m seja aplicado um SOLO ALGO ARGILOSO, que vai propiciar uma capa de proteção impermeável e necessária. Esse aterro não requer controle de compactação, mas se recomenda que seja executado nos moldes do aterro (1ª classe)."

É claro que o seu planejado livro sobre aterros vai sair, meu amigo, e desde já meus parabéns!

Obs. 1 – É muito comum o uso de compactadores manuais para compactar o solo. Já há no mercado compactadores de pequeno porte mecanizados.

Obs. 2 – Não confundir aterros de 1ª ou 2ª classe com o uso de solos de 1ª, 2ª ou 3ª categoria. Categoria é uma classificação de tipos de solos ou rocha. Classe de aterros é uma classificação de tipos de aterros de pequeno porte ou pequena área.

CAPÍTULO 23

Entidades tecnológicas ligadas ao assunto: movimento de terra e fundações

Conheça:

Associação Brasileira de Mecânica dos Solos (ABMS)

Associação Brasileira de Empresas de Engenharia de Fundações e Geotecnia (ABEF)

Instituto de Pesquisas Tecnológicas São Paulo (IPT)

Instituto de Pesquisas Rodoviárias (IPR)

Associação Brasileira de Geologia

CAPÍTULO 24

Por que talvez seja difícil existir uma norma para execução de aterros hidráulicos. Uma possível explicação tecnológica

Como já explicado, chamamos aterros hidráulicos o uso de solo escavado por extração hidráulica ou dragagem, dando uma nova função ao solo depois depositado. Os autores deste trabalho procuraram a existência de uma norma referente a aterros hidráulicos e nada acharam. A pesquisa abrangeu até normas estrangeiras (*standards*, na língua inglesa) e também nada foi encontrado. Qual poderia ser a razão de ser difícil achar uma norma para a execução de aterros hidráulicos? Importante: os aterros hidráulicos são muito usados. Então por que essa norma aparentemente não existe?

Com o tempo, surgiu uma ideia para explicar essa falta, e apresentamos essa ideia para conhecimento dos leitores e discussão sobre ela.

De modo distinto, por exemplo, ao uso de estacas de fundações nas quais se pesquisa a geologia do solo e do subsolo e se estuda com cuidado tanto as características da estaca como o processo de cravação, a execução de um aterro hidráulico é algo muito errático – ou seja, ele depende muito do local, das facilidades de execução etc., além das dificuldades de adaptação às condições de execução. Diante disso, padronizar cuidados e procedimentos na aplicação de aterros hidráulicos é algo muito complexo e difícil, destacando-se a variabilidade de solos a serem usados e as dificuldades de execução.

O ideal seria, para a evolução do uso de aterros hidráulicos, que as obras de cada execução fossem muito bem acompanhadas e gerassem relatórios publicados para o meio técnico. Assim, todos nós evoluiríamos...

Sonhar não é crime...

CAPÍTULO 25

Aterros hidráulicos. Casos muito interessantes

Casos:

1) Aterro hidráulico da Praia de Copacabana – Rio de Janeiro/RJ.
2) Aterro hidráulico da Praia Central de Balneário Camboriú – Balneário Camboriú/SC.
3) Aterro hidráulico no território da Holanda, usando solos transportados por via marítima da África, com o objetivo de aumentar o território holandês.

Repisemos a explicação do que é um aterro hidráulico.

Chamamos *aterro hidráulico* o uso de água saindo com grande velocidade,[1] e essa água faz erosão num maciço terroso próximo, existindo uma construção em forma de canal, que leva esse solo, anteriormente existente num maciço terroso, a ser transportado e lançado em local apropriado. Forma-se assim um novo maciço, que, de alguma forma, mesmo manual, deve sofrer compactação. O aterro produzido tem estabilida-

[1] Por engano, muitos dizem que a água sai da mangueira com pressão. A água na tubulação, agora na atmosfera, sai da tubulação em alta velocidade.

de e resistência possivelmente reduzidas. A opção pelo uso do aterro hidráulico é que ele permite uma obra mais rápida *e mais econômica*.[2] Antigamente, o método do aterro hidráulico era chamado *método de hidromecanização*.

Vamos relatar, uma a uma, as histórias desses aterros hidráulicos.

ATERRO HIDRÁULICO DA PRAIA DE COPACABANA – RIO DE JANEIRO-RJ

Na década de 1960 foi efetuada uma obra de aterro hidráulico na Praia de Copacabana para aumentar a largura de sua praia, local de intenso turismo. Para isso, foi feita uma escavação de areia do fundo do mar e longe da praia, cujo material resultante foi lançado sobre a areia da praia existente; com isso, efetivamente a largura da Praia de Copacabana aumentou, tornando-a mais bonita. Quem orientou, com sucesso, toda a obra desse aterro hidráulico foi a entidade portuguesa Laboratório Nacional de Engenharia Civil (LNEC).

ATERRO HIDRÁULICO DA PRAIA CENTRAL DE BALNEÁRIO CAMBORIÚ – BALNEÁRIO CAMBORIÚ-SC

Analogamente ao que se fez na Praia de Copacabana, fez-se nos anos 2020 na famosa Praia Central de Balneário Camboriú.

Em Santa Catarina, um local algo distante da praia, foi retirada, por sucção, areia do fundo do mar, sendo ela transportada e lançada sobre a areia da praia a ser melhorada. O nível da praia aumentou, assim como sua largura, gerando um local mais bonito e mais útil para seus frequentadores.

Segundo dados da prefeitura da cidade, a largura da praia, diante do lançamento do aterro hidráulico, aumentou dos anteriores 25 m para 70 m ao longo de seus 5,8 km de comprimento. Para essa obra, foram transportados do fundo do mar cerca de 2,2 milhões de metros cúbicos de areia, utilizando-se um navio draga.

[2] Como dizem os mestres, assunto que de 15 em 15 minutos não fala de custos, de alguma matéria pode ser, mas de engenharia ou tecnologia não é!

ATERRO HIDRÁULICO NO TERRITÓRIO DA HOLANDA, USANDO SOLOS TRANSPORTADOS POR VIA MARÍTIMA DA ÁFRICA, COM O OBJETIVO DE AUMENTAR O TERRITÓRIO HOLANDÊS

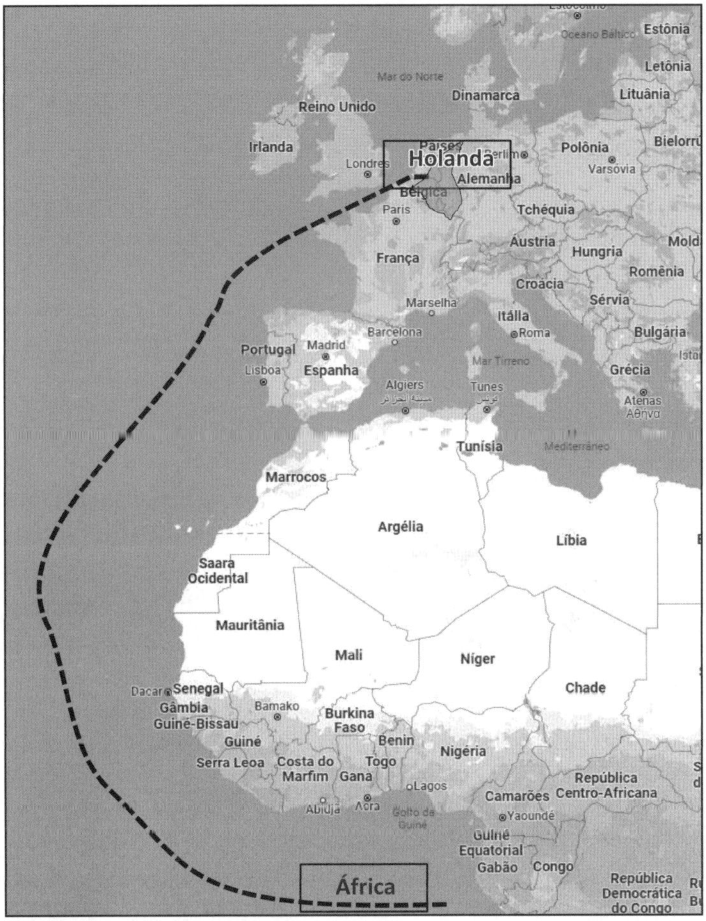

Figura 25.1 – Aterro hidráulico no território da Holanda.

Fonte: ©2023 Google, INEGI

A Holanda é um país de área diminuta e com grande frente para mar, cuja parte significativa encontra-se abaixo de seu nível.

ATERRO DA PRAIA DE IRACEMA EM FORTALEZA/CE

Esperando colaborações dos leitores.

CAPÍTULO 26

Mais casos e causos de aterros

CASO (OU CAUSO) N.º 1 – TERRENO DOADO POR PREFEITURA E COM SERVIÇOS DE TERRAPLENAGEM. CUIDADO!

Uma prefeitura, para atrair indústrias para seu nascente Distrito Industrial, oferecia de graça:

- áreas de até 80.000 m^2;
- isenção de todos os impostos e taxas municipais durante cinco anos, após o início do funcionamento da fábrica;
- levantamento topográfico da área tombada;
- corte do solo do terreno, no caso de isso ser necessário para a implantação da indústria; e
- aterro já compactado do terreno, cedendo até o solo de empréstimo se um aterro fosse necessário para a implantação da indústria.

💣 ☠ ☣ 👽

Uma indústria se interessou pela proposta, mas antes de assinar o contrato de doação da área consultou um experiente geólogo, que tinha implantado várias indústrias pelo Brasil. As recomendações do geólogo foram:

- aceitem a doação do terreno, se houver uma lei municipal que torne isso legal;
- aceitem a isenção de impostos e taxas municipais;
- aceitem o levantamento topográfico da área, mas acompanhem a sua realização. Amarrem os dados do terreno a uma Referência de Nível (RN) oficial;
- aceitem as obras de terraplenagem no caso de corte do terreno, mas tenham um plano de instalação da indústria com localização e níveis dos prédios. Lembrem-se de que os cortes têm de ser feitos respeitando 0,5 m sobre os níveis de instalação dos futuros prédios da indústria. Nada de cortar demais e depois ter de aterrar;

💣 ☠ ☣ 👽

- não aceitem, em hipótese alguma, que a prefeitura faça obras de aterro, eventualmente necessárias. Quem deve fazer obras de aterro é uma firma de terraplenagem com projeto e acompanhamento de campo por pessoal da indústria. Alerto: encontrar um terreno com aterro malfeito, ou seja, com defeitos de execução, traz consequências custosas para os necessários reparos. Insisto: aterro no terreno, a própria indústria faz.

Essas foram as sábias orientações do geólogo. As orientações foram seguidas.

Detalhe: na eleição que se seguiu, ganhou a oposição e esta impugnou o não pagamento de impostos e taxas até cinco anos do início do funcionamento da indústria. Isso acontece. Mas o terreno ficou com a indústria.

CASO OU CAUSO N.º 2 – QUAL É O TERRENO QUE VALE MAIS?

Contíguo ao Distrito Industrial, numa cidade do interior razoavelmente desenvolvida, uma grande fazenda desativada foi posta à venda, dividida em lotes. A proximidade com o Distrito Industrial valorizava toda a área à venda. Ela, com cerca de 240.000 m^2, tinha três tipos de terreno, a saber:

- terrenos tipo A: eram razoavelmente planos e em locais secos. Eram os lotes mais valorizados;
- terrenos tipo B: eram lotes algo alagados, exigindo obrigatoriamente aterros para a instalação de prédios ou indústrias;
- um único terreno, denominado tipo C: uma pequena montanha estava localizada na área, e exigiria, para uma instalação de prédios, custosas obras de movimento de terra (era o que se pensava); ou, mais especificamente, necessitaria custosas obras de corte de solo.

O desenho croquis a seguir mostra o exposto.

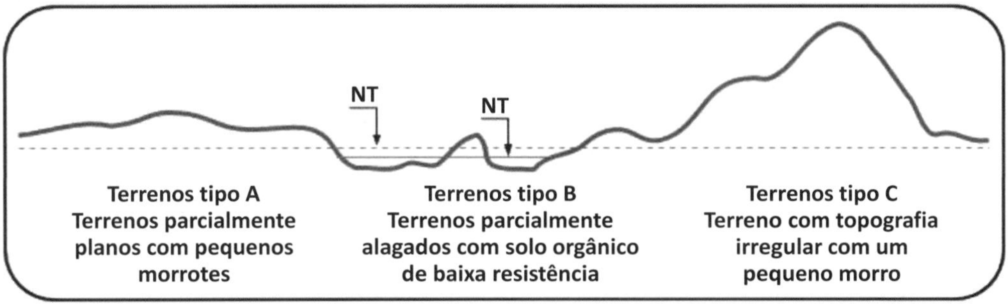

Figura 26.1 – Perfil esquemático da área em oferta.

Fonte: Elaboração própria.

A venda dos lotes foi um sucesso, principalmente dos mais caros, que eram os terrenos tipo A. Os terrenos tipo B, para serem vendidos – e nem todos o foram rapidamente – acabaram saindo por preço bem mais baixo; e o terreno do tipo C não teve comprador.

Logo, os terrenos vendidos tipo A foram sendo ocupados e as obras neles começaram. Os terrenos tipo B ficaram sem obras, talvez esperando uma possível valorização futura.

Eis que apareceu um interessado na compra do terreno montanhoso (terreno C), que, ao fazer uma proposta de valor bem baixo, o comprou. Quem era esse comprador tão excêntrico? Era uma pessoa que, ao ter aula de geometria, aprendera bem a medir e calcular distâncias, áreas e volumes. Ele percebeu que nas imediações dessa velha fazenda, vendida em lotes, todas as outras fazendas eram modernas e muito rentáveis para seus proprietários, que jamais venderiam seus solos para serem solos de empréstimos para aterrar os terrenos tipo B. Sobrava, então, o terreno tipo C, o único terreno montanhoso disponível para fornecer solo na região. Logo começaram a acontecer pedidos dos proprietários dos terrenos tipo B para a venda de solo, a fim de fazer os aterros estrategicamente necessários à utilização desses terrenos. O dono do terreno tipo C começou a vender o seu agora valioso solo formador da pequena montanha existente em seu terreno. Se o dono do terreno C era bom em Geometria, não era bom em conhecimento de movimento de terra. Uma outra vez, um geólogo percebeu que o corte do terreno C ia ser feito sem planejamento e propôs ao proprietário que ele, o geólogo, fizesse um plano de cortes que diminuiria em muito – mas muito mesmo – o trabalho de terraplenagem. O dono do terreno tipo C cedeu à proposta do geólogo e o projeto foi feito. Cortes mal planejados podem gerar depois maiores custos de terraplenagem, explicou o geólogo.

Na reunião de bate-papo da chopada de sexta-feira à tarde, na associação de engenheiros, arquitetos e geólogos da cidade onde essa história aconteceu, uma coisa ficou clara: o terreno tipo C era, entre todos, o mais valioso.

Obs.: o que foi feito com o terreno tipo C? Diante do excelente acompanhamento do corte, o terreno ficou com a melhor topografia para ser vendido. E não precisou de nenhuma compactação, pois o peso da terra retirada já tinha compactado (pré-carregamento!) o local por mais de 200.000 de anos. Como esse solo era de qualidade comprovada, nem era necessário fazer o ensaio de Proctor para saber a respeito da resistência do solo. Mesmo porque ele já tinha sido testado várias vezes pelos "compradores" do empréstimo!

CAPÍTULO 27
Casos verídicos de aterros

CINCO OBRAS COORDENADAS PELO ENG. NELSON N. FERRAZ

1ª MULTINACIONAL ALEMÃ

Local:	cidade de médio porte na Grande São Paulo-SP.
Tipo de obra:	galpão industrial construído em concreto pré-fabricado.
Infraestrutura:	corte e aterro de parte da área, com cerca de 20% de compensação, ou seja, 80% de solo foi importado de uma área vizinha.
Características do projeto:	terreno original bastante irregular, com caimento acentuado, determinou um corte de aproximadamente 6 metros de altura, extensão de 120 metros. Formato de 3 retângulos justapostos com tamanhos diferentes. Na plataforma seria construído um prédio de 3 andares (escritórios) e 3 galpões. O talude de cima tinha cerca de 6 metros e o de baixo teria cerca de 18 metros na parte mais baixa. Esse talude inferior tinha 2 bermas na parte mais baixa (à esquerda) e 3 na parte mais alta

(à direita, esquina entre a rua e a avenida). Nas bermas havia canaletas horizontais, caixas de coleta e tubulações de sangra. Nos talvegues havia uma canaleta. Nesse pé de talude, ao longo da avenida, havia um pequeno córrego que recebia as águas lançadas pelo sistema de drenagem.

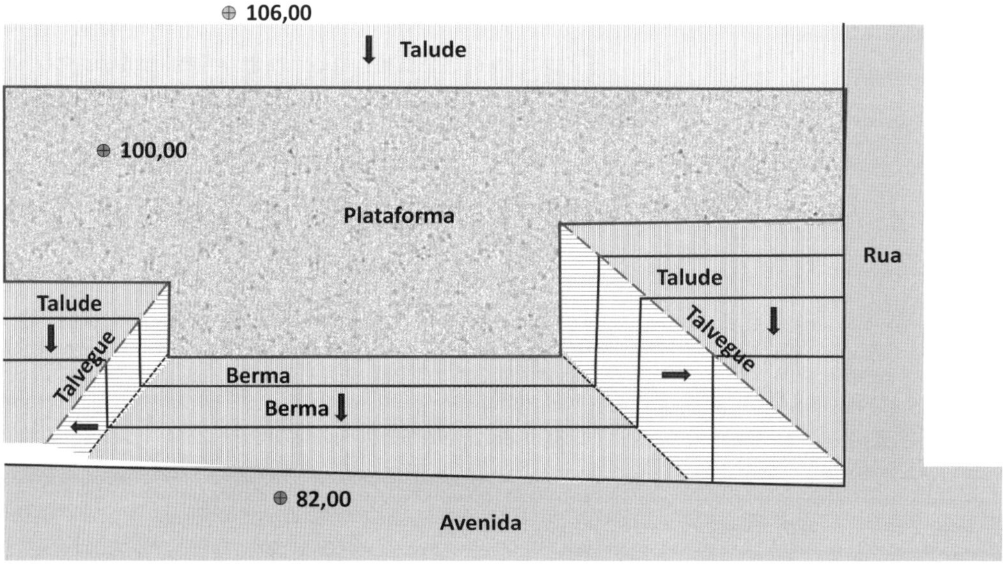

Figura 27.1 - Planta do aterro.

Fonte: Elaboração própria.

Processo executivo da terraplenagem:

- Corte na obra executado por tratores D8, com lançamento por *push* do próprio trator. Acabamento de corte manual e com apoio de patrol.
- Solo importado transportado por caminhões basculantes. No local de empréstimo, situado a 2 quilômetros da obra (área particular), foi colocada apenas uma carregadeira mecânica, pois se tratava de um barranco que o proprietário queria remover. Isso facilitava o trabalho de escavação e carregamento dos caminhões basculantes. Solo silto-argiloso com baixo teor de areia.
- Espalhamento por meio de patrol e compactação com rolo compressor em camadas de 25/25 cm e homogeneização da umidade do solo feita com grade puxada por um trator agrícola.
- Acompanhamento laboratorial para obtenção da Umidade Ótima e compactação a 85% do PN (Proctor normal).

- Volumes aproximados: corte: ~ 5.000 m^3
  aterro: ~25.000 m^3
  total: ~30.000 m^3

Mão de obra especializada fornecida, junto com equipamentos, a um empreiteiro que recebia por produção.

O serviço levou cerca de 2 meses para ficar pronto, fora a aplicação de grama, que foi feita depois por outro empreiteiro.

Não disponho de registro da ocorrência de chuvas.

Fiscalização e acompanhamento dos trabalhos executados por um engenheiro e um mestre de obras.

2ª MULTINACIONAL NORTE-AMERICANA

Local: cidade de médio porte no interior do estado de São Paulo.

Tipo de obra: galpão para depósito construído em concreto pré-fabricado.

Infraestrutura: apenas aterro para elevação do nível do terreno. O aterro foi nivelado, sem qualquer declividade para servir de base ao piso de depósito. O solo foi importado de uma área nos fundos da fábrica.

Características do projeto: o terreno original era plano, apenas com um pequeno caimento. A altura do aterro era cerca de 1,20 m. Tratava-se de uma pequena obra, mas tinha uma característica especial: era exigida uma compactação de 100% do PM (Proctor modificado), que corresponde a cerca de 120% do PN (Proctor normal). É um nível de compactação muito alto, que corresponde, grosso modo, a uma compactação 20% acima do nível de compactação original do solo local. Para atingir esse nível, o acompanhamento laboratorial era constante. Como a área era relativamente pequena (cerca de 50 × 60 m), as camadas de solo, com cerca de 20 cm, eram lançadas rapidamente, mas a passada dos rolos compressores pé de carneiro demorava muito para se alcançar a compactação exigida. A todo momento, fazia-se necessário passar a grade para corrigir a umidade exigida para o projeto. Com isso, os técnicos do laboratório permaneciam direto na obra, pois a todo momento era necessário algum ensaio.

Processo executivo da terraplenagem:

- A preparação da área original consistiu em limpeza efetuada por patrol e um pequeno trator, que depois gradeou o solo limpo para melhorar a aderência do aterro a ele.
- O solo importado provinha de uma área nos fundos da fábrica, na qual uma retroescavadeira de grande porte abriu uma vala, que seria usada para outras finalidades depois; foi transportado para a obra por caminhões basculantes numa extensão de cerca de 200 m. Solo de rocha basáltica alterada, misturada com argila pouco siltosa, com intrusões de cascalho e presença de rocha (matacões) de médio porte no subsolo mais profundo – não interferem nos procedimentos de terraplenagem, mas sim nos de fundações.
- O espalhamento do solo era feito pela patrol e a adição de água para obtenção da umidade ótima, feita pelo pequeno trator, que puxava um tanque com

aspersor. A homogeneização da umidade no solo era feita pelo pequeno trator, agora puxando uma grade.

- O acompanhamento laboriatorial era diário e constante, chegando-se a fazer três e até quatro ensaios por dia até cada camada atingir 100% do PM.
- Volume aproximado: corte: não houve

  aterro: 3.600 m^3

  total: 3.6000 m^3
- Mão de obra especializada fornecida, junto com equipamentos, a um empreiteiro que recebia por produção.
- O serviço levou cerca de 3 meses para ficar pronto e ter início o processo de fundações do galpão.
- Não houve registro das ocorrências de chuvas.
- O espalhamento do solo era feito pela patrol, e a adição de água para obtenção da umidade ótima feita pelo pequeno trator que puxava um tanque com aspersor. A homogeneização da umidade no solo era feita pelo pequeno trator, agora puxando a grade.
- Fiscalização e acompanhamento dos trabalhos, executadas por dois engenheiros e um técnico de solos.
- A compactação a 100% do PM causou ainda um problema na locação da obra (gabarito): os piquetes e os testemunhos se rompiam e não penetravam no solo; foi necessário o emprego de ponteiras de aço para perfurar o solo e depois substituí-las por piquetes ou testemunhos de madeira. Para o gabarito, o solo era rompido com picaretas para possibilitar a fixação dos pontaletes.

Considerações: esta obra foi especial e diferenciada por alguns aspectos que deter minaram uma conduta diferenciada dos nossos padrões, que, aliás, considero muito melhores que os adotados a seguir:

Para começar, especifica um PM 100%, uma irrealidade aqui no Brasil, especificamente no estado de São Paulo, com solo basicamente consistente e firme, muito diferente dos solos que a empresa cliente porventura tenha encontrado em outros lugares do mundo, onde atua. O solo da região, de maneira geral, reage muito bem à compactação e dá um suporte muito adequado com 80-85% do PN, ainda mais para servir de apoio a uma laje de concreto armado. Especificar uma compactação com 100% do PM é uma absoluta irrealidade. Isso se comprova pelo fato de que, a qualquer problema ocorrido na obra, era convocado um engenheiro norte-americano que se deslocava dos Estados Unidos e vinha dizer coisas sobre um solo que ele não conhecia. O solo local é um mix de rocha basáltica alterada, misturada com argila pouco siltosa; isso resulta num solo bastante arenoso, com pedriscos e matacões entremeados. Aceita muito bem compactações de até 100% do PN. É uma característica da região que, evidentemente, não pode ser desconsiderada. Mas foi o que foi feito ao longo de toda obra. Eu não sei onde se adota 100% do PM, mas, na literatura específica, não encontrei nada nesses termos fora de ambiente extremos, com solos alterados e sujeitos a condições muito peculiares, o que não era o caso. Além disso, é muito mais caro, quase o dobro do custo, para ganhar cerca de 20% de compactação, porque demanda um intenso trabalho de máquinas e acompanhamento laboratorial, além do tempo de trabalho, que é muito maior.

Isso se estendeu por toda a obra, a ponto de eles exigirem *nega zero* na cravação das estacas. Nega zero, na verdade, não existe porque, quando ela ocorre, certamente a estaca será rompida e, por consequência, perdida. Na verdade, "nega zero" não tem relação direta com PM a 100%, mas isso revela a base de exigências do cliente. E isso aconteceu várias vezes ao longo da obra! Assim, apesar de alertados, eles não alteraram as muitas exigências, garantindo que era um padrão de segurança da empresa e, assim, a obra prosseguiu, com um custo extremamente alto, sem qualquer necessidade. Mas o cliente está pagando, então é ele quem manda!!

3ª ATERRO E REMOÇÃO DO PRÉ-CARREGAMENTO NA CONSTRUÇÃO DE UMA DAS LAMINAÇÕES DE UMA USINA SIDERÚRGICA

Local: cidade de médio porte no interior do estado de Minas Gerais.

Tipo de obra: aterro temporário para fazer o carregamento durante um período determinado por ensaios frequentes. Ao atingir o nível de resistência adequado (~90% do PN), esse solo do aterro temporário foi removido e levado a um bota-fora.

Infraestrutura: o terreno sobre o qual foi feito esse carregamento era um aterro de grandes proporções, numa área de cerca de 5,0 × 2,5 km, ou seja, quase 12,5 km^2 (ou 12,5 milhões de m^2), e atingiu coisa de mais de 100 milhões de metros cúbicos de aterro. Não disponho da informação sobre os volumes de corte.

Características do projeto: a área especificamente envolvida nesse projeto era de 150 × 80 m, incluindo os *off sets*, e a altura do aterro era de cerca de 15 m, resultando, portanto, em um volume de solo de aproximadamente 180 mil m^3. Esse solo provinha de uma área de empréstimo dentro da área da usina e, ao ser removido, foi levado para um bota-fora também dentro dessa área. O solo local é alteração de rocha argilosa, muito siltosa, pouco arenosa e de cor predominantemente amarela.

Processo executivo da terraplenagem:

Não houve preparação prévia do terreno, pois o aterro era temporário e só devia fazer carga sobre um solo já compactado, para aumentar seu nível de resistência à carga de um radier.

Tanto o processo de aterro como sua posterior remoção, a princípio, foram efetuados por meio de máquinas scrapers rebocadas por tratores D7. No período final, foram empregados também auto scrapers, maiores e com mais capacidade de carga, além de mais rápidos. Essas máquinas se autocarregam na área de empréstimo, transportam o solo e o despejam, em camadas de espessura controlada, na área do aterro ou no bota-fora.

Durante o processo de carga, foi feita uma umidificação do solo apenas para controle de poeira, pois não havia necessidade de controle de compactação, uma vez que o verdadeiro interesse era a carga que esse solo transmitia ao solo inferior.

O controle de altura do aterro foi feito por processo topográfico, que permitia o andamento da obra e conferia a sua altura até chegar na cota determinada pelo projeto.

Periodicamente, era feito um controle da resistência do solo inferior por meio de sondagens à percussão até o nível do terreno "original", e efetuava-se a verificação por meio de resistência aos golpes de um peso sobre um tubo com mostrador na ponta. Na verdade, eram sondagens à percussão tipo SPT. O solo devia suportar, pelo menos, 18 golpes do peso do equipamento de sondagem. Quando a resistência do solo alcançou a especificada em projeto, foi determinada a remoção do aterro.

Considerações: esse efeito de aumentar a resistência do solo original também poderia ser conseguido efetuando um corte nessa área e depois reaterrá-la em camadas de compactação controlada, mas, por uma questão de custo, optou-se por essa solução. Isso porque numa obra de grande porte como aquela da usina, com várias empresas construtoras de grande porte envolvidas, sempre havia equipamentos e máquinas ociosas que, por conveniência, foram usadas nessa tarefa por um preço bastante conveniente. E não havia custo de frete de máquinas, pois elas estavam paradas na obra. Além disso, o(s) comboio(s) também estavam disponíveis para abastecer e fazer manutenção das máquinas.

Considere-se também que havia folga no cronograma dessa obra, pois esse é um processo lento e demorado, que levou mais de 6 meses. O fato é que essa laminação iria entrar em funcionamento apenas na segunda fase da operação da siderúrgica.

4ª ATERRO E CONSTRUÇÃO DE UM LANÇAMENTO DE ÁGUAS PLUVIAIS NUMA USINA SIDERÚRGICA

Local: cidade de médio porte no interior do estado de Minas Gerais.

Tipo de obra: execução de aterro de complementação ao platô onde ficava a usina, e a construção simultânea de uma galeria de coleta de águas pluviais. O lançamento dessas águas deve ser feito por um canal (chamado de "lançamento") que descia pelo talude e desembocava num canal construído no leito de um córrego, passando antes por um difusor de carga hidráulica.

Infraestrutura: essa obra complementava a terraplenagem de construção do platô onde estava sendo levantada a usina. Era a complementação final do referido platô e foi construída em parte sobre um aterro feito anteriormente e em parte sobre o terreno original, incluindo o talude com as bermas e a drenagem superficial.

Características do projeto: esse aterro e o talude que o finalizava ficaram parados aguardando a chegada da galeria de AP que se encaminhava para o lançamento projetado justamente no seu talude. O aterro original chegou ao nível da geratriz inferior da galeria, e parou, aguardando sua construção, para então ser terminado. A galeria tinha grandes dimensões, pois ela era o final de vária galerias que vinham de boa parte do platô. Tinha uma seção de cerca de 7 m de largura e 2,20 m de altura. Mas o aterro anterior chegava apenas até 50 m do talude e estava fora do projeto de declividade dele. O projeto previa o término do talude, sua drenagem e a abertura de vala de encaixe do lançamento, que seria executado por outra empreiteira.

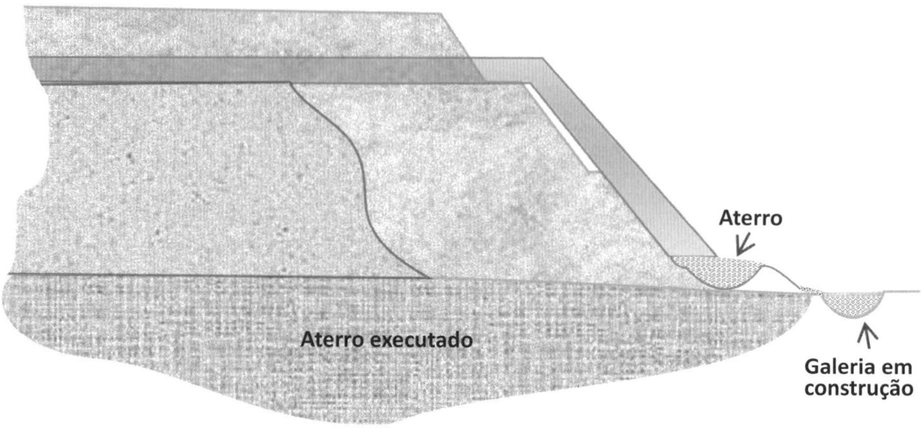

Figura 27.2 – Perfil Esquemático do Aterro.

Fonte: Elaboração própria.

O projeto previa a execução de 2 bermas com drenagem e saída independentes da galeria e do lançamento: as caixas de sangra lançavam as águas diretamente no córrego, depois de passarem por um enrocamento de pedras de mão. Aliás, após passarem pelo difusor, as águas provenientes do lançamento também passavam por um enrocamento, só que bem maior, com pedras bastante grandes.

Processo executivo da terraplenagem: a área do empréstimo, como foi feito em todas as obras de terraplenagem da usina, era dentro da própria obra, que empregava muito o bota-fora de outras áreas. Com o emprego de scrapers autopropelidos, o aterro subiu rapidamente, sendo compactado basicamente por rolos pé de carneiro e umidade controlada pelo laboratório que estava instalado no próprio canteiro da usina. A compactação especificada era de 85% PN, o que foi alcançado sem grandes problemas ou dificuldades.

Gerou algum problema o fato de que a obra teve início em meados de agosto e, como a época das chuvas começava em outubro naquela região, foi uma grande correria para, pelo menos, alcançar o nível da terraplenagem existente, o que facilitaria a drenagem e o controle das águas. Esse objetivo foi alcançado, e quando começou a chover, já estava tudo organizado e preparado para preservar o serviço feito e dar continuidade aos trabalhos futuros. Isso incluía a berma inferior, inclusive sua drenagem e caixas de sangra com despejo por meio de tubos de concreto Ø 50 cm lançando embaixo em outras caixas que faziam a difusão da carga hídrica. A observação do clima, então, tornou-se uma atividade rotineira e obrigatória: ao menor sinal de chuva se aproximando, entravam em ação 2 rolos lisos que selavam o solo, evitando a formação de lama. Quando isso ocorria (às vezes não dava tempo de selar toda a área de trabalho), após a chuva, a lama era espalhada para secar ou removida por retroescavadeiras, e transportada para uma área próxima, onde era espalhada para secar. Quando ela já estava seca, era recolhida e lançada de novo no aterro, caso houvesse necessidade.

Ao atingir o nível do aterro anterior, as obras da galeria puderam avançar e também foi possível dar início ao lançamento (uma escada), conectando a galeria com o difusor que já estava quase pronto, lá embaixo, junto ao córrego. Em cima, o aterro prosseguiu pelas laterais da galeria em obra, que já estava pronta havia mais tempo, recobrindo-a, fechando então a vala.

Conectada a galeria com o lançamento, o aterro pôde ser completado, a vala fechada e a berma superior drenada e interligada ao sistema existente abaixo. Restou apenas a aplicação de grama no talude, o que foi feito em cerca de 15 dias.

Os números dessa obra foram aproximadamente os seguintes:

Comprimento do aterro = ~155 m

Altura do aterro = ~23 m (primeira fase)

~8 m (segunda fase)

Profundidade média do aterro = ~75 m (primeira fase)

~180 m (segunda fase)

Volumes = ~280.000 m^3 (primeira fase)

~230.000 m^3 (segunda fase)

Volume total = ~510.000 m^3

Esses valores foram apurados na obra. A discrepância nas medidas se deve a irregularidades do terreno original e à execução das bermas. Não estão considerados aqui nem o empolamento nem os aterros de acesso às máquinas.

Tempos de serviço = 75 dias (primeira fase)

95 dias (segunda fase)

15 dias (acabamentos)

Tempo total = 85 dias

Considerações: esta obra foi executada em um espaço de tempo bastante adequado, dadas as dificuldades inerentes às condições de trabalho. Um fator que ajudou muito foi o clima: naquele ano choveu pouco, uma média de 6 mm ao longo dos 185 dias, embora tenha havido períodos em que a chuva era intensa (até 40 mm em 24 horas), mas, com exceção de uma chuva mais demorada, geralmente durava pouco. Os serviços de drenagem preventiva e o selamento do solo funcionaram muito bem, e a formação de lama foi praticamente desprezível.

Outro fator que favoreceu a execução da obra nesse período de tempo foi a qualidade do solo importado: ele alcançava rapidamente a compactação especificada, em alguns casos sem precisar de aspersão de água para alcançar a umidade ótima. Além disso, a empreiteira lançou mão de máquinas novas e grandes, com equipes bem-preparadas, o que favoreceu o desenvolvimento do trabalho, já que contava com condições muito boas. Porém, houve um período na primeira fase em que os trabalhos se desenvolveram por 24 horas para recuperar o atraso causado por chuvas intensas, durante uma semana, o que causou alguns danos ao serviço executado. O tempo foi recuperado, e ao fim de 15 dias tudo voltou ao normal. Fora isso, não foi registrada mais nenhuma intercorrência grave, apenas eventos corriqueiros e sem consequências, que nem foram registrados no diário de obra.

As obras da galeria, do lançamento e do difusor foram executadas por outra empreiteira e ficaram fora do nosso controle, embora, evidentemente, tenha interferido no andamento dos trabalhos, sobretudo na segunda fase. Mas isso, de certa forma, já estava previsto.

5ª FAZENDA FORTALEZA – AÇUDE

Local: cidade de pequeno porte no interior do estado do Rio Grande do Sul

Tipo de obra: execução de um aterro de terra para uma barragem de contenção de um açude. Os processos empregados na execução dos trabalhos foram bastante simples, até primitivos, e sem nenhum controle tecnológico mais apurado. Apesar disso, a obra resultou num bom reservatório, que presta bons serviços no funcionamento da fazenda, apesar de algumas intercorrências.

Infraestrutura: o local da obra, dentro da fazenda, era um talvegue que propiciaria um nível de água de 6 m no ponto mais profundo, um pequeno córrego ali existente. Foi necessário fazer uma limpeza, removendo a vegetação de pequeno porte ali existente, além de algumas rochas e raspagem do solo superficial. Não havia área de empréstimo de solo, que foi obtido por escavação dentro da própria área de inundação, aumentando assim a capacidade de água armazenada.

Características do projeto: não havia projeto, era uma obra tipicamente rural que se desenvolveu apenas com a supervisão muito espaçada de um engenheiro civil. A largura prevista da barragem era de cerca de 60 m e a sua altura máxima era de 7,50 m. Tínhamos, assim, um perfil de um triângulo invertido, com 60 m de comprimento no topo e 7,50 m de altura, perfazendo uma área de 225 m^2. A largura da base do aterro era de cerca de 8,0 m e a crista, de 3,50 m.

A barragem tinha um vertedouro tipo tulipa, feito com tubos de concreto com diâmetro de 60 cm e mais dois canais laterais à crista como vertedouros de emergência. A saída do vertedouro tulipa se dava por um canal de concreto com cerca de 0,64 m^2 de seção (0,80 × 0,80 m), que passava por baixo da barragem e descarregava no córrego formador. Os canais laterais desembocavam na encosta a jusante, passando por um pequeno enrocamento.

As fundações da barragem foram feitas com pedras de mão argamassadas colocadas dentro de uma caixa escavada no solo. Veja na Figura 27.3 alguns croquis da barragem demonstrando como foi executada e depois corrigida.

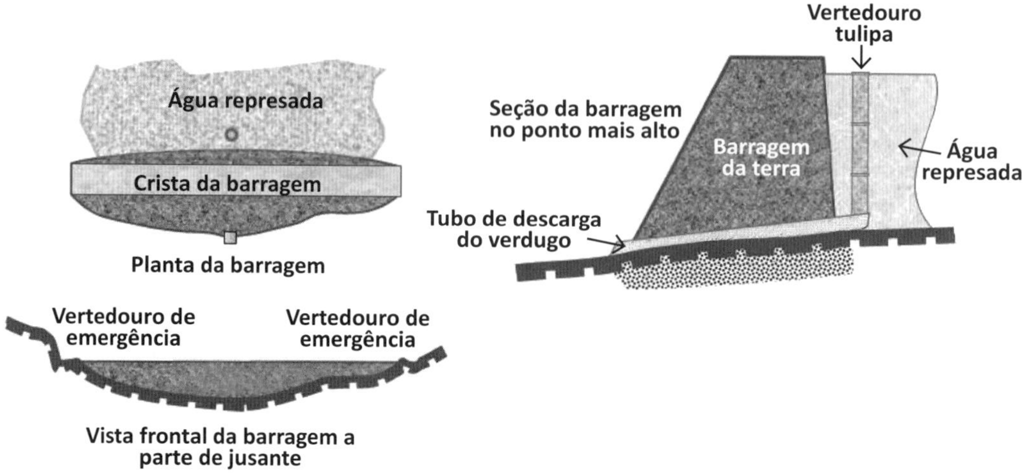

Figura 27.3 – Perfis Esquemáticos da Obra.

Fonte: Elaboração própria.

Processo executivo da terraplenagem: a primeira etapa foi fazer a limpeza da área do açude como um todo, removendo a vegetação e as possíveis interferências. Em seguida, foi aberta a caixa de fundação com cerca de 80 cm da profundidade, e se encontrou solo consistente. Na sequência, foram lançadas as pedras de mão (~ 25 cm) e depois, argamassa de areia e cimento, traço 1:5, até envolver as pedras. A partir desse momento, começou o trabalho de "terraplenagem" propriamente dito, empregando uma retroescavadeira pequena que começou a escavar o solo e lançá-lo sobre as pedras argamassadas, passando depois por cima, várias vezes, para compactá-lo "adequadamente" segundo o teste da barra de ferro Ø 10 mm, efetuado pelo tratorista. Após, passava-se à próxima camada (cerca de 10 a 15 cm de espessura), e repetia-se o processo. Quando o aterro atingiu a marca de 1 m de altura do solo original, foi aberta uma vala em seu centro, construída com alvenaria, um enchimento como piso e uma laje por cima – o canal de vazão do vertedouro; nesse instante, a água do córrego que estava represada bem acima (corria a estação seca do ano) foi liberada e passou a fluir por esse canal. As obras continuaram nas laterais do canal e, depois de três dias, ele foi aterrado e o serviço continuou: a retro cortava a terra, empilhava ao lado da barragem, subia na crista, recolhia a terra e a lançava sobre o maciço, espalhava com a caçamba frontal e depois passava por cima durante algum tempo. Aí o operador da retro parava e fazia alguns testes com a barra de ferro até concluir que o solo tinha atingido a compactação adequada (!?). Então ele descia e reiniciava o processo de escavar, empilhar, subir, recolher, espalhar e compactar a camada até atingir a compactação "adequada". Umidade ótima?

Nessa sequência, a barragem subiu e, como não ocorreu nenhuma chuva, em cerca de 10 dias a crista foi alcançada e o trabalho de terraplenagem terminou. O término do serviço foi a construção do vertedouro tulipa, tubos de concreto com Ø 60 cm, ponta e bolsa, colocados e chumbados verticalmente, uns sobre os outros e conectados embaixo do canal de vazão. Mas esse canal ainda não foi fechado, aguardando instrução para o início do enchimento do açude.

Após alguns dias foi determinado (!?) que o enchimento tivesse início e o canal foi fechado a montante; a água começou a se acumular dentro do reservatório. A ideia, dada pelo engenheiro, era de que o enchimento demoraria cerca de 25 dias, talvez mais, porque estava chovendo muito pouco e o fluxo de água, que normalmente já era pequeno, estava mais fraco ainda. Isso seria muito bom, pois o enchimento devia ser lento, de modo a acomodar melhor o solo "compactado" da barragem. Após três dias, o nível da água tinha subido pouco mais de 60 cm, e lá no ponto mais baixo. Os próprios peões achavam que ia demorar bem mais de 1 mês para encher o açude até o nível do vertedouro.

Só que a natureza não pensava assim! Certa tarde, seis dias após o início do enchimento, depois de um dia ensolarado e de tempo bom, o céu se fechou e começou a chover forte, mas sem exagero. Porém, lá pelas 10 horas da noite, a chuva forte virou um temporal assustador: ventava muito e caía muita água. A preocupação de todos pela barragem era total e não deu outra: o açude encheu rapidamente e, por volta de 5 horas da manhã, a água transbordou. Meia hora depois, a barragem se rompeu e a água levou tudo para baixo, atingindo um milharal que estava quase em fase de colheita, destruindo tudo.

A grande falha nesse caso, talvez, foi não terem sido feitos, naquele momento, os vertedores laterais de emergência. Mas fica uma dúvida: será que eles dariam conta do recado? Segundo o serviço de meteorologia, naquela noite, num período de 14 ou 15 horas, choveu 180 mm naquela região. Muita água caiu na bacia de contribuição da barragem de cerca de 30 hectares. Isso significa por volta de 54.000 litros de água fluindo em poucas horas para dentro de uma barragem recém-construída, com capacidade máxima calculada em 25.000 litros. Mesmo dando os descontos de perda, desvios, infiltrações no solo que estava muito seco etc., ainda assim não havia como ela resistir. Não foi mal construída e penso que mesmo com os vertedores de emergência ela não teria como resistir.

Resultado: o pessoal lá é teimoso e reconstruiu a barragem, pelo mesmo processo, abriu os canais laterais de emergência e encheu. Não houve nenhum problema, e o açude está lá até hoje – firme e forte! E os vertedouros de emergência nunca foram utilizados!

Mas há ainda uma nota triste: já ocorreram três mortes de pessoas ali por afogamento enquanto se banhavam! O tal açude é perigoso demais e, em vista disso, foi cercado para que ninguém mais nadasse ali. Só que tem gente que pula a cerca, e...

CAPÍTULO 28

Um ano depois de a obra de aterro ser aceita, vejam o que aconteceu

Já faz um ano que o aterro está pronto e sendo intensamente usado tanto por moradores transeuntes como pelos pesados caminhões que transportam peças de granito rosa, algumas em tamanho bruto e algumas já cortadas.

Eis que um morador da redondeza, muito observador e interessado, descobriu no corpo do aterro dois fatos que chamaram sua atenção:

- havia se instalado no corpo do aterro e do lado, no sentido de saída de Pedra Rosa, um formigueiro de tamanho razoável; e
- ainda desse lado, um trecho do maciço do aterro liberava um pouco de água quase como um tipo avançado de "suor humano". Tinha chovido bastante e o aterro recém-construído chegou a armazenar água com cerca de 1 m de altura – e todo o projeto de solos do aterro não previa que ele fosse quase um "açude".

Esse morador, de nome Alberto, membro voluntário dos Irmãos Vicentinos, sentiu que devia avisar à prefeitura e foi no Departamento de Obras dela falar com o chefe, o nosso conhecido engenheiro Antônio. Este, ao ouvir o relato, imediatamente foi com Alberto olhar os dois fatos. O engenheiro Antônio, por não ser especialista em solos, logo avisou o prefeito e toda a equipe técnica da prefeitura.

O Prefeito Ataxerxes, na metade do seu mandato, mandou chamar o Geólogo Alcides Silva, que agora tinha um cartão de visitas profissional:

Chamado ao telefone, o geólogo ponderou:

– Terei prazer em voltar a colaborar com o pessoal de Pedra Rosa, mas agora estou morando algo longe e abri uma firma de consultoria de geologia. Posso, antes de tudo, fazer uma proposta de serviços profissionais para dar assistência nesse caso. Dizem que é assim que outros tipos de profissionais trabalham.

O Prefeito Ataxerxes, que era sempre algo inábil, ficou uma fera com a notícia e avisou que só tomaria uma decisão sobre a contratação do geólogo na semana seguinte. Consultoria remunerada do geólogo. Quem diria!...

🕮 Aviso dos autores deste livro:

E essa é uma nova história, que fica para uma outra vez!

Glossário

ABNT: Associação Brasileira de Normas Técnicas.

Adensamento: processo de compactação com rolos (mecânico), placas ou sapos (manual).

Área de empréstimo: área de onde se retira terra para executar o aterro.

Areia: solo granular com partículas maiores. Podem ser grossas, médias ou finas.

Argila: solo plástico, com partículas menores que areia e silte. Geralmente tem razoável coesão, coisa que areia e silte não têm.

Aterro de 1ª e de 2ª classe: classificação de aterros conforme a dimensão da área a ser aterrada.

Aterro de barragem: aterro para formação de açudes ou reservatórios hídricos.

Berma ou socalco: formação de um "terraço" no meio do talude para efeito de drenagem da encosta. Evita que a água ganhe muita velocidade ao chegar no pé do talude. Geralmente tem uma canaleta junto ao talude superior e caimento do topo do inferior para a canaleta.

Bota-fora: local destinado a receber os solos rejeitados do aterro ou as escavações com disposição ecológica adequada.

Caminhão basculante: caminhão destinado ao transporte de materiais granulares ou entulhos de qualquer natureza. Podem ser "toco" (um eixo traseiro) ou "trucado" (dois eixos traseiros).

Caminhão comboio: caminhão-tanque para combustível que abastece as máquinas no campo e que também carrega compressor e óleos e graxas para lubrificação. Leva também ferramentas para pequenos reparos que podem ser efetuados pelo motorista ou seu acompanhante.

Carregadeira: máquina que tem um dispositivo (concha) à frente e é geralmente usada para carregar os caminhões com terra.

Cone de dispersão: uma carga aplicada num ponto da superfície se dispersa à medida que se aprofunda no solo. Tem uma forma cônica, daí o nome.

Destocamento: remoção de tocos e raízes após o desmatamento, antes da terraplanagem.

DMT Marchetti: teste *in situ* destinado a efetuar vários testes de solo, como cisalhamento, controle de compactação, entre outros.

DNER: Departamento Nacional de Estradas de Rodagem.

DNIT: Departamento Nacional de Infraestrutura de Transportes.

Empolamento: aumento de volume do solo após a escavação. O valor depende do tipo de solo e costuma variar entre 25 e 35%, mas eventualmente esses limites podem ser ultrapassados, para cima ou para baixo. Ver Capítulo 10 do presente trabalho.

Enrocamento: camada de pedra de grande porte (entre 25 e 70 cm em média). O tamanho das pedras depende da função do enrocamento: se for para proteção de um talude ele poderá empregar pedras menores, mas ser for para proteção contra ondas marítimas ou de rios com grande volume d'água, as pedras serão as maiores. Dificilmente se emprega pedras de mais de 70 cm. O mesmo que "rip-rap".

Escarificação: trabalho executado com emprego de um trator pesado dotado de ganchos atrás (escarificadores), que revolvem o solo profundamente, entre 30 e 50 cm.

Fator de compactação: redução de volume do solo pela compactação, geralmente da ordem de 25%, dependendo do material. Medido pelo teste Proctor.

Girica: pequeno trator agrícola que faz pequenos serviços de acabamento e, quando necessário, reboca alguns implementos mais leves, como a grade, ou aspersores de água. Movimenta-se sobre pneus.

Grade: equipamento de origem agrícola, empregado para revolver o solo superficial a fim de tirar o excesso de umidade.

Greide: perfil longitudinal de um aterro ou corte, indicando o nível de acabamento em relação a uma RN (Referência de Nível). Mais empregado em obras rodoviárias ou ferroviárias.

IPR: Instituto de Pesquisas Rodoviárias.

ISC ou CBR: Índice de Suporte Califórnia (*California Bearing Ratio*, em inglês), é normalmente empregado na execução de aterros para subleitos de vias de transporte (ruas, rodovias, ferrovias, pista de pouso e pátios de manobra). Deve ser maior ou igual a 2% do solo de empréstimo, conforme instrução DNER ME 49/94.

Materiais de 1ª categoria, 2ª categoria e 3ª categoria: ver Capítulo 10 do presente livro.

Materiais diatomáceos: solos com capacidade de combater infestações de algumas pragas na agricultura. Geralmente utilizados para forrar as encostas dos taludes, a fim de receber a gramínea que será plantada.

Materiais micáceos: materiais, geralmente solos, contendo traços de mica. A mica é um mineral que pode alterar o comportamento do solo em função de sua carga e utilização, devido à sua propriedade "lubrificante", pois torna o solo mais escorregadio.

Motoniveladora: o mesmo que Patrol. Máquina destinada a espalhar o solo no aterro e a nivelar as vias de acesso. Faz a raspagem (acabamento) horizontal e inclinada (pé do talude do aterro ou gradualmente, do corte todo).

N SPT: indicação numérica do teste SPT (*Standart Penetration Test*).

***Off set*:** projeção horizontal do talude ou encosta, resultante da terraplanagem, também indicativa da saia do aterro.

RN (Referência de Nível): Ponto (uma estaca, uma construção ou um marco) que foi nivelado a partir de um local de nível conhecido, nas proximidades ou por meio de um sistema geodésico. Este último exige o emprego de equipamentos específicos óticos ou eletrônicos para estabelecer esse parâmetro. É a partir desse RN que todos os níveis da obra são definidos. Eventualmente, uma obra pode ter vários RN, desde que não haja nenhuma relação entre essas frentes de trabalho. RN vinculadas a um principal são considerados apenas extensões do principal.

Retroescavadeira: máquina usada para escavar pontos localizados ou valas com uma concha acoplada num braço articulado por sistema hidráulico. São dois tipos: as pequenas têm uma concha carregadeira na frente e a retroescavadeira atrás. Já as grandes têm apenas o braço retroescavador na frente.

Rolo compressor liso: equipamento destinado a compactar o solo ou, na iminência de chuva, selar o aterro (deixá-lo liso para minimizar as infiltrações no solo). Pode ser rebocado ou autopropelido. Alguns tipos possuem vibrador.

Rolo pé de carneiro: equipamento destinado a compactar o solo, deixando "furos" na camada para melhorar a aderência da camada seguinte. Também pode ser rebocado ou autopropelido. Alguns tipos possuem vibrador.

Sangra (caixa): caixa de coleta de água das canaletas de drenagem; despeja o líquido colhido em tubulação de descarga. Fica localizada nas bermas dos taludes.

Scraper: máquina destinada a raspar o solo na área de empréstimo e despejá-lo em camadas na área de aterro. Pode ser rebocado ou autopropelido.

Silte: solo pulverulento com partículas intermediárias. Ver item 11 – Observação.

Solo brejoso: solo com muita água acumulada na superfície, geralmente orgânico e com muitos restos vegetais.

Sondagem à percussão: estudo para reconhecimento e classificação da resistência do solo a partir do número de golpes obtido por um peso (martelo) de 65 kg em queda livre de uma altura de 75 cm sobre uma cabeça de cravação, para penetrar 15 cm no solo. A cabeça é uma peça acoplada aos tubos de aço, que vão se conectando por meio de roscas, tendo na extremidade inferior um mostrador, peça que recolhe amostras do solo perfurado para posterior análise. Mede resistência, tipo de solo e NA. Os resultados são consubstanciados de acordo com a tabela a seguir:

Tabela 29.1 – Tabela das Taxas de Resistência do Solo em Sondagens de Reconhecimento

Solo	Denominação	Mostrador SPT
Compacidade de areia e siltes arenosos	Fofa	≤ 4
	Pouco compacta	5-8
	Medianamente compacta	9-18
	Compacta	19-41
	Muito compacta	> 41
Consistência de argila e siltes argilosos	Muito mole	< 2
	Mole	2-5
	Média	6-10
	Rija	11-19
	Dura	> 19

Fonte: Elaboração própria.

Sondagem a trado: sondagem efetuada por meio de um trado conectado a um tubo que pode ser conectado a outros, à medida que se aprofunda. Na extremidade inferior há um trado que, por meio de rotação, se aprofunda no solo e pode trazer algumas amostras. Não mede resistência, apenas tipo de solo e nível d'água (NA).

Talude: lateral inclinada de um aterro ou corte. Determina sua declividade.

Taxa de resistência do solo: medida de resistência do solo à compressão. Capacidade de suporte do solo às cargas verticais demandadas. É medida em Kgf/cm^2. Para obtê-la, é necessário fazer um teste específico que pode ser de laboratório ou prático.

Terraplanagem (ou terraplenagem): ato de escavar ou aterrar a terra; movimento de terra em toda as suas atividades.

Trator: máquina multiuso dentro de uma ação de terraplenagem: ele raspa o solo com sua lâmina frontal, empurra ou reboca scrapers, escarifica o solo, puxa todo e qualquer equipamento que for necessário dentro de sua capacidade. Movimenta-se sobre esteiras e há vários tamanhos e potências.

Turfa: material composto de terra, vegetais decompostos e água. Pode conter também restos de animais, insetos e outras alterações orgânicas, que podem se transformar quimicamente em óleo e gerar gazes, principalmente metano. Ocorre em terrenos brejosos, encharcados ou secos. Geralmente tem a cor preta, mas pode haver variações para cinza, marrom ou vermelho, sempre escuros, em função das cores de sua composição. Em muitos lugares, depois de seco, é utilizado como combustível. Quando a área em que ocorre se resseca e há um recobrimento por uma pequena camada de terra, é muito perigoso se ele pegar fogo, pois queima lentamente e pode durar muito tempo, às vezes até anos. No leste da Europa (Rússia, Ucrânia e adjacências), isso ocorre eventualmente, devido a secas prolongadas, e causa grandes problemas, como fumaça e calor. É muito difícil de apagar.

Umidade ótima: cabem ainda algumas considerações sobre o assunto: dificilmente o solo que vem da área de (não) empréstimo chega com umidade adequada, pois o próprio efeito de carga, transporte e descarga já provoca um ressecamento. Por outro lado, se houve a ocorrência de chuvas mais intensas ou demoradas nos dias que precederam a escavação e a coleta, o solo poderá chegar muito úmido. Assim, para ressecamento, é preciso caminhão aguadeiro e grade para homogeneizá-lo; para umidade em excesso, revira-se o solo lançado com grade até ficar "no ponto"! Mas atenção: umidade ótima para aterro com solo muito arenoso é saturação com água, nem precisa de rolo ou compactação mecânica, somente espalhamento. Mas quando terminar, drene essa água, o máximo que puder, senão ela pode atrapalhar sua obra!

USCS: Sistema Unificado de Classificação de Solos (sigla em inglês para *United Soil Classification Sistem*).

Talvez existam ainda outros termos ou situações não mencionados aqui (podem ter sido esquecidos ou omitidos) e cujo significado o leitor desconhece. Entre em contato com os autores do texto que nós teremos muito prazer em lhe fornecer ou pesquisar para descobrir o significado e lhe informar.

Bibliografia recomendada

ASSOCIAÇÃO BRASILEIRA DE NORMAS TÉCNICAS. *NBR* 7181: solo, análise granulométrica. Rio de Janeiro, 2016.

ARAÚJO, R.; SOLIA, M. *Guarapiranga – 100 anos*. São Paulo: Fundação Energia e Saneamento, 2014.

ARMCO. Handbook of Drainage and Construction Products. Publisher Armco Drainage & Metal Prod., 1958.

Diretoria Geral DNIT. *Manual de custos rodoviários*. 3ª edição. Rio de Janeiro, 2003.

DNER-ME 051/94: solos, análise granulométrica.

DNER-ME 083/98: agregados – análise granulométrica.

DNIT ME 080/94: solos, análise granulométrica por peneiramento.

MELLO, V. F. B; TEIXEIRA, A. H. *Apostila de Mecânica dos solos, fundações e obras*. Escola de Engenharia de São Carlos (EESC), Universidade de São Paulo (USP), 1962.

Publicação IPR "Diretrizes básicas para a elaboração de estudos e projetos rodoviários. Instruções para acompanhamento e análise" – 739 p.

NEVES, C. M. M. *et al.* Seleção de solos e métodos de controle em construção com terra. Práticas de campo. PROTERRA, Projeto de Investigação, XVI.6, maio 2005.

SANTOS, F. S. S. *Custos de serviços em terraplenagem*. Universidade Federal da Paraíba, Centro de Tecnologia. Curso de Engenharia Civil, 2015.

Armco Drainage & Metal Prod., 1958.

ARMCO Drainage Metal Products INC, 195.

Normas DNIT – Ver anexo A.

Diretrizes Executivas de Geotecnia da Prefeitura do Recife – Ver Anexo B.

Leia também[1]*:*

Ensaios Geotécnicos – Ensaio de cisalhamento direto – o objetivo e a finalidade.

Ensaios Geotécnicos – Análise granulométrica do solo – a curva e os tipos de análise.

Ensaios Geotécnicos – Análise granulométrica do solo – o objetivo e as frações de solo.

Ensaios Geotécnicos – Compactação de solos – o ensaio e as energias de compactação.

Ensaios Geotécnicos – Compactação de solos – o histórico e o conceito.

Ensaios Geotécnicos – Determinação do teor de umidade.

Ensaios Geotécnicos – Preparação de amostras de solo para ensaios de caracterização.

Ensaios Geotécnicos – Classificação HRB – o método e os ensaios necessários: Ensaios Geotécnicos – Consistência do Solo – ensaios de limite de liquidez (LL) e de plasticidade (LP).

Ensaios Geotécnicos – Teor de umidade dos solos – método da estufa e o método speedy.

Ensaios Geotécnicos – CBR ou ISC – o ensaio mais utilizado pelo engenheiro de pavimento.

1 Obs.: Vários desses testes não poderão ser feitos no laboratório de campo e deverão ser feitos em um laboratório com mais recursos.

ANEXO A
Algumas normas importantes do DNIT

DNIT

Agosto/2009	NORMA DNIT 106/2009 - ES

Terraplenagem - Cortes
Especificação de serviço

MINISTÉRIO DOS TRANSPORTES

DEPARTAMENTO NACIONAL DE INFRAESTRUTURA DE TRANSPORTES

DIRETORIA-GERAL

DIRETORIA EXECUTIVA

INSTITUTO DE PESQUISAS RODOVIÁRIAS

Rodovia Presidente Dutra, km 163
Centro Rodoviário – Vigário Geral
Rio de Janeiro – RJ – CEP 21240-000
Tel/fax: (21) 3545-4600

Autor: Instituto de Pesquisas Rodoviárias – IPR

Processo: 50.607.003.581/2008-46

Origem: Revisão da Norma DNER - ES 280/97.

Aprovação pela Diretoria Colegiada do DNIT na reunião de 04/08/2009.

Palavras-chave:	Nº total de páginas
Terraplenagem, Cortes	13

Resumo

Este documento define a sistemática a ser empregada na execução dos cortes e no transporte de materiais escavados para implantação de rodovia.

São também apresentados os requisitos concernentes a materiais, equipamentos, execução, inclusive plano de amostragem e de ensaios, condicionantes ambientais, controle de qualidade, condições de conformidade e não-conformidade e os critérios de medição dos serviços.

Abstract

This document presents procedures for the execution of cuttings and transports of the escavated materials.

It includes the requirements concerning materials, the equipment, the execution, includes also a sampling plan, and essays, environmental management, quality control, and the conditions for conformity and non-conformity and the criteria for the measurement and payment of the performed jobs.

Sumário

Prefácio

A presente Norma foi preparada pelo Instituto de Pesquisas Rodoviárias – IPR/DIREX, para servir como documento base, visando estabelecer a sistemática empregada para os serviços de execução e controle de qualidade dos cortes e o transporte de materiais escavados para implantação de rodovia.

Está formatada de acordo com a Norma DNIT 001/2009 – PRO, cancela e substitui a Norma DNER-ES 280/97.

1 Objetivo

Esta Norma tem por objetivo estabelecer as condições mínimas exigíveis para as operações de escavação, carga, transporte e classificação dos materiais escavados, para a execução dos cortes com vistas à implantação de plataforma de rodovia, em conformidade com o projeto.

2 Referências normativas

Os documentos relacionados a seguir são indispensáveis à aplicação desta Norma. Para referências datadas, aplicam-se somente as edições citadas. Para referências não datadas, aplicam-se as edições mais recentes do referido documento (incluindo emendas).

a) BRASIL. Departamento Nacional de Estradas de Rodagem. *DNER-PRO 277* - Metodologia para controle estatístico de obras e serviços. Rio de Janeiro: IPR.

b) BRASIL. Departamento Nacional de Infraestrutura de Transportes. *DNIT 001/2009-PRO* - Elaboração e apresentação de normas do DNIT - Procedimento. Rio de Janeiro: IPR, 2009.

c) _____. *DNIT 011/2004-PRO* - Gestão da qualidade em obras rodoviárias - Procedimento. Rio de Janeiro: IPR, 2004.

d) _____. *DNIT 013/2004-PRO* - Requisitos para a qualidade em obras rodoviárias: procedimento. Rio de Janeiro: IPR, 2004.

e) ______. *DNIT 070-PRO* - Condicionantes ambientais das áreas de uso de obras - Procedimento. Rio de Janeiro: IPR.

f) _____.*DNIT 104-ES* – Terraplenagem - Serviços preliminares – Especificação de serviço. Rio de Janeiro: IPR.

g) _____.*DNIT 105-ES* – Terraplenagem – Caminhos de serviço – Especificação de serviço. Rio de Janeiro: IPR.

h) _____.*DNIT 108-ES* – Terraplenagem - Aterros – Especificação de serviço. Rio de Janeiro: IPR.

3 Definições

Para os efeitos desta Norma são adotadas as seguintes definições:

3.1 Cortes

Segmentos de rodovia, em que a implantação requer a escavação do terreno natural, ao longo do eixo e no interior dos limites das seções do projeto ("Off sets") que definem o corpo estradal, o qual corresponde à faixa terraplenada.

3.2 Corte a céu aberto

Escavação praticada na superfície do solo.

3.3 Corte a meia encosta

Escavação para passagem de uma rodovia, que atinge apenas parte de sua seção transversal.

3.4 Corte em caixão

Escavação em que os taludes estão praticamente na vertical.

3.5 Plataforma da estrada

Superfície do terreno ou do terrapleno, compreendido entre os dois pés dos cortes, no caso da seção em corte; de crista a crista do aterro, no caso de seção em aterro; e do pé do corte a crista do aterro, no caso de seção mista. No caso dos cortes, a plataforma compreende também a sarjeta.

3.6 Talude

Superfície inclinada do terreno natural, de um corte ou de um aterro, conforme as figuras abaixo:

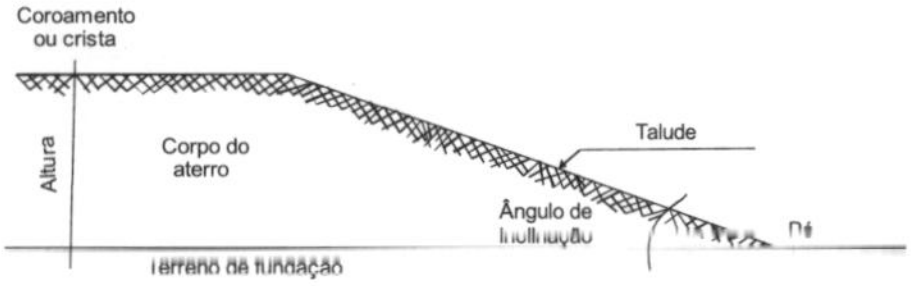

Talude de aterro

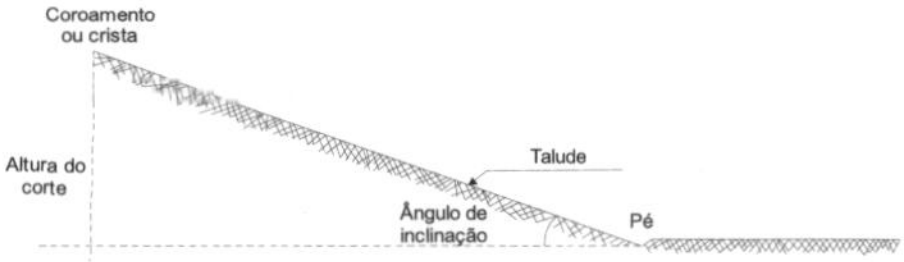

Talude de corte

3.7 Talude escalonado

Talude em geral alto, em que se praticam banquetas, com vistas à redução da velocidade das águas pluviais superficiais, para facilitar a drenagem e aumentar a estabilidade do maciço.

3.8 Faixa terraplenada

Faixa correspondente à largura que vai de crista a crista do corte, no caso de seção plena em corte; do pé do aterro ao pé do aterro, no caso de seção plena em aterro; e da crista do corte ao pé do aterro, no caso da seção mista. É a área compreendida entre as linhas "Off sets".

3.9 Material de 1ª categoria

Compreende os solos em geral, residuais ou sedimentares, seixos rolados ou não, com diâmetro máximo inferior a 0,15 m, qualquer que seja o teor de umidade apresentado. O processo de extração é compatível com a utilização de "Dozer" ou "Scraper" rebocado ou motorizado.

3.10 Material de 2ª categoria

Compreende os solos de resistência ao desmonte mecânico inferior à da rocha não alterada, cuja extração se processe por combinação de métodos que obriguem a utilização do maior equipamento de escarificação exigido contratualmente; a extração eventualmente pode envolver o uso de explosivos ou processo manual adequado. Estão incluídos nesta categoria os blocos de rocha de volume inferior a 2 m³ e os matacões ou pedras de diâmetro médio compreendido entre 0,15 m e 1,00 m.

3.11 Material de 3ª categoria

Compreende os materiais com resistência ao desmonte mecânico equivalente à rocha não alterada e blocos de rocha com diâmetro médio superior a 1,00 m, ou de volume igual ou superior a 2 m³, cuja extração e redução, a fim de possibilitar o carregamento, se processem com o emprego contínuo de explosivos.

3.12 Bota-fora

Material de escavação dos cortes, não aproveitado nos aterros, devido à sua má qualidade, ao seu volume, ou à excessiva distância de transporte, e que é depositado fora da plataforma da rodovia, de preferência nos limites da faixa de domínio, quando possível.

Local do bota-fora é o lugar estabelecido para depósito de materiais inservíveis.

3.13 Corta-rio

Escavação destinada à alteração do percurso dos cursos d'água, com o objetivo de eliminá-los ou fazer com que se desenvolvam em local mais conveniente, de maneira a eliminar ou minimizar a sua interferência com a rodovia.

3.14 Equipamentos em geral

Máquinas, veículos, equipamentos outros e todas as unidades móveis utilizadas na execução dos serviços e obras.

4 Condições gerais

O início e desenvolvimento dos serviços de escavação de materiais, objetivando a implantação de segmento viário em corte, se condiciona à prévia e rigorosa observância do disposto nas subseções 4.1 a 4.8, que se seguem:

4.1 As áreas a ser objeto de escavação, para efeito da implantação do segmento de corte reportado, devem se apresentar convenientemente desmatadas e destocadas e estando o respectivo entulho removido, na forma do disposto na Norma DNIT 104/2009 - ES - Terraplenagem – Serviços Preliminares – Especificação de Serviço.

4.2 Os segmentos em aterro, em cuja execução serão utilizados, de forma parcial ou total, os materiais escavados do segmento do corte a ser implantado, devem estar devidamente tratados em termos de desmatamento, destocamento e remoção do entulho e obstruções outras e, assim, em condições de receber as correspondentes deposições dos materiais provenientes do corte em foco.

4.3 As caixas de empréstimos que, de forma conjugada com os cortes focalizados na subseção 4.1, serão utilizados na execução dos aterros reportados em 4.2 deverão estar devidamente tratadas em termos de desmatamento, destocamento e remoção dos entulhos e, assim, em condições de serem exploradas.

4.4 As obras-de-arte correntes, previstas para execução nos segmentos em aterro de que trata a subseção 4.2, devem estar devidamente construídas e concluídas.

4.5 As marcações do eixo e dos "Off sets", bem como as referências de nível (RN) relacionadas com os segmentos reportados nas subseções 4.1 e 4.2, já devidamente atendido o disposto nas subseções 4.2.1, 4.2.2 e 4.2.4 da Norma DNIT104/2009 - ES – Terraplenagem - Serviços Preliminares, devem, após as operações de desmatamento e destocamento, ser devidamente checadas e, se for o caso, revistas, de sorte a guardarem consonância com a nova configuração da superfície do terreno e com o projeto geométrico.

Neste sentido, e em conseqüência, deve ser procedido novo levantamento de seções transversais de forma solidária com os RN instituídos no Projeto de Engenharia.

Tais seções transversais constituir-se-ão, então, nas "seções primitivas" a serem efetivamente consideradas, para efeito de elaboração e de marcação da "Nota de Serviço de Terraplanagem" (respeitadas as cotas do projeto geométrico), do controle geométrico dos serviços e da medição dos serviços executados.

4.6 As correspondentes fontes ou tomadas d'água, indicadas no Projeto de Engenharia, devem estar, na forma devida, preparadas e equipadas, e em condições de municiarem, regularmente, as operações de compactação dos aterros reportados na subseção 4.2.

4.7 Os locais definidos em projeto para "bota-fora" e/ou "praças para depósitos provisórios" de materiais oriundos do corte em foco devem estar convenientemente preparados e aptos a receberem os respectivos materiais de deposição e as operações conseqüentes.

4.8 Os caminhos de serviço, concernentes aos vários trajetos, então definidos em função do disposto nas subseções 4.1, 4.2, 4.3, 4.6 e 4.7, devem estar devidamente concluídos e atendendo ao estabelecido na Norma DNIT105/2009 - ES - Terraplenagem - Caminhos de serviço.

5 Condições específicas

5.1 Materiais

O processo de execução dos cortes compreende a escavação do terreno natural, cuja constituição envolve formações de solos, de alteração de rocha, rocha ou associações destes tipos.

A caracterização precisa do terreno natural, configurado através do perfil geotécnico do subleito, estabelecido no projeto de engenharia, se distribuirá, para efeito de escavação, nas três categorias, a saber: 1ª categoria, 2ª categoria e 3ª categoria, definidas na seção 3.

5.2 Equipamentos

5.2.1 A escavação do corte deve ser executada mediante a utilização racional de equipamento adequado, que possibilite a execução dos serviços sob as condições especificadas e produtividade requerida.

5.2.2 A seleção do equipamento deve obedecer às indicações seguintes:

a) Corte em solo - utilizam-se, em geral, tratores equipados com lâminas, escavo-transportadores, ou escavadores conjugados com transportadores diversos. A operação deve incluir, complementarmente, a utilização de tratores e moto-niveladoras para escarificação, manutenção de caminhos de serviço e áreas de trabalho, além de tratores empurradores ("pushers").

b) Corte em rocha – empregam-se perfuratrizes pneumáticas ou elétricas para o preparo das minas, tratores equipados com lâmina para a operação de limpeza da praça de trabalho, e carregadores conjugados com transportadores para a carga e transporte do material extraído. Nesta operação, utilizam-se explosivos e detonadores adequados à natureza da rocha e às condições do canteiro de serviço.

c) Remoção de solos orgânicos, turfa ou similares, inclusive execução de corta-rios, utilizam-se retroescavadeiras e escavadeiras com implementos adequados, e complementados por outros equipamentos citados nas alíneas anteriores.

5.3 Execução

O início e o desenvolvimento dos serviços de escavação dos cortes devem obedecer rigorosamente à programação de obras estabelecida e consignada na "Segmentação do Diagrama de Bruckner", enfocada na subseção 4.2.7 da Norma DNIT 104/2009 - ES - Serviços preliminares.

Uma vez atendida esta condição, as operações de cortes devem ser executadas, após devida autorização da Fiscalização, mediante a utilização dos equipamentos focalizados na subseção 5.2 e compreendendo e/ou atendendo ao contido nas subseções 5.3.1 a 5.3.17.

5.3.1 A escavação dos cortes deve subordinar-se aos elementos técnicos fornecidos ao executante e constantes das Notas de Serviço elaboradas em conformidade com o projeto de engenharia e considerando, ainda, o disposto na seção 4 desta Norma.

5.3.2 O transporte e deposição adequada dos materiais escavados para aterros, bota-foras ou "praças de depósito provisório", conforme definido no Projeto de Engenharia.

Cumpre observar que apenas devem ser transportados, para constituição dos aterros, os materiais que, pela classificação e caracterização efetuadas nos cortes, sejam compatíveis com as especificações da execução dos aterros, em conformidade com o projeto.

5.3.3 A retirada das camadas de má qualidade, visando o preparo do subleito, de acordo com o projeto de engenharia.

Tais materiais removidos devem ser transportados para locais previamente indicados, de modo a não causar transtorno à obra em caráter temporário ou definitivo.

5.3.4 Quando alcançado o nível da plataforma dos cortes,

a) Se for verificada a ocorrência de rocha sã ou em decomposição, deve-se promover o rebaixamento do greide, da ordem de 0,40 m, e o preenchimento do rebaixo com material inerte, indicando no projeto de engenharia ou em sua revisão;

b) Se for verificada a ocorrência de solos de expansão maior que 2% e baixa capacidade de suporte, deve-se promover sua remoção, com rebaixamento de 0,60 m, em se tratando de solos orgânicos, o projeto ou sua revisão fixarão a espessura a ser removida. Em todos os casos, deve-se proceder à execução de novas camadas, constituídas de materiais selecionados, os quais devem ser objeto de fixação no projeto de engenharia ou em sua revisão;

c) No dos cortes em solo, considerando o preconizado no projeto de engenharia, devem ser verificadas as condições do solo "in natura" nas camadas superficiais (0,60 m superiores, equivalente à camada final do aterro), em termos de grau de compactação. Os segmentos que não atingirem as condições mínimas de compactação devem ser escarificados, homogeneizados, levados à umidade adequada e, então, devidamente compactados, de sorte a alcançar a energia estabelecida no Projeto de Engenharia.

5.3.5 Os taludes dos cortes devem apresentar, após a operação de terraplenagem, a inclinação indicada no projeto de engenharia, para cuja definição foram consideradas as indicações provenientes das investigações geológicas e geotécnicas. Qualquer alteração posterior da inclinação só deve ser efetivada, caso o controle tecnológico, durante a execução, a fundamentar. Os taludes devem se apresentar com a superfície devidamente desempenada, obtida pela normal utilização do equipamento de escavação.

5.3.6 Durante as operações de escavação devem ser tomados os cuidados especiais, no sentido de que a medida que os cortes venham sendo executados, os taludes se apresentem sempre com a devida inclinação.

À medida que o corte for sendo rebaixado, a inclinação do talude deve ser acompanhada e verificada, mediante a utilização de gabarito apropriado e procedendo-se as eventuais correções.

5.3.7 Não deve ser permitida a presença de blocos de rocha nos taludes que possam colocar em risco a segurança do trânsito.

5.3.8 Constatada a conveniência técnica e econômica de reserva de materiais escavados nos cortes, para a confecção das camadas superficiais da plataforma, deve ser procedido o depósito dos referidos materiais, para sua oportuna utilização.

5.3.9 Atendido o projeto e, desde que técnica e economicamente aconselhável, a juízo da Fiscalização, as massas em excesso, que resultariam em bota-foras, podem ser integradas aos aterros, constituindo alargamentos da plataforma, adoçamento dos taludes ou bermas de equilíbrio. Referida operação deve ser efetuada desde a etapa inicial da construção do aterro, observada a respectiva Nota de Serviço e submetido ao mesmo processo de compactação preconizado na subseção 5.3.5 da Norma DNIT-108/2009 - ES – Terraplenagem - Aterros.

5.3.10 As massas excedentes que não se destinarem ao fim indicado na subseção anterior devem ser, , então, objeto de deposição em bota-foras e de modo a não se constituírem em ameaça à estabilidade da rodovia e nem prejudicarem o aspecto paisagístico da região, atendendo ao preconizado no projeto de engenharia.

5.3.11 Na execução dos cortes em rochas devem ser tomados os seguintes cuidados, objetivando a segurança do pessoal e dos equipamentos:

a) Estabelecer um horário rígido de detonação, com horas certas de fogo, e cumpri-lo à risca.

b) Não trabalhar com explosivos à noite.

c) Abrigar bem o equipamento e fazer com que o pessoal se proteja, de modo que as pedras da explosão não o atinjam.

d) Avisar a comunidade local e ao tráfego usuário, eventualmente existente, e colocar vigias para evitar a aproximação de pessoal estranho nas vizinhanças do corte na hora da explosão.

e) Não permitir a permanência de pessoas estranhas ao serviço durante qualquer fase do ciclo, pois todas elas são perigosas.

f) Somente permitir o manuseio de explosivo por pessoa habilitada e usar sempre as mesmas pessoas nesse serviço, e num número o mais reduzido possível (somente o estritamente necessário).

g) Somente trazer do depósito a quantidade de explosivo necessária à detonação, não permitindo sobras. No caso de haver qualquer excesso, por erro de cálculo na quantidade, esse material, inclusive os acessórios (espoleta, estopim, etc.), deve ser levado de volta ao paiol, antes da detonação.

5.3.12 Nos cortes de altura elevada, em função do definido no projeto de engenharia, deve ser procedida a implantação de patamares, com banquetas de largura mínima de 3 m, valetas revestidas e proteção vegetal.

5.3.13 Nos pontos de passagem de corte para aterro, a Fiscalização deve exigir, precedendo a execução deste último, a escavação transversal ao eixo, até a profundidade necessária para evitar recalques diferenciais.

5.3.14 Os dispositivos de drenagem superficial e de drenagem profunda devem ser executados, obrigatoriamente, de conformidade com o preconizado no projeto de engenharia.

5.3.15 Nos cortes em que, eventualmente, vierem a ocorrer deslizamentos, devem ser executados o terraceamento e respectivas obras de drenagem dos patamares, bem como o revestimento das saias dos taludes, para proteção contra a erosão. Quando necessário, antes da aplicação do revestimento de proteção, a saia do talude deve ser compactada.

5.3.16 As escavações destinadas à alteração de curso d'água, objetivando eliminar travessias ou fazer com que as mesmas se processem em locais mais convenientes (corta-rios) devem ser executadas em conformidade com o projeto de engenharia. A Fiscalização deve analisar e verificar quanto à conveniência de se pesquisar a existência de lençol subterrâneo remanescente, seguindo o percurso original do curso d'água.

5.3.17 No caso de acentuada interferência com o tráfego usuário, e desde que este acuse significativa magnitude, o transporte dos materiais dos cortes para os locais de deposição deve ser efetivado, obrigatoriamente, por caminhões basculantes.

6 Condicionantes ambientais

Nas operações destinadas à execução de cortes, objetivando a preservação ambiental, devem ser devidamente observadas e adotadas as soluções e os respectivos procedimentos específicos atinentes ao tema ambiental, definidos no instrumental técnico-normativo pertinente vigente no DNIT e na documentação técnica vinculada à execução das obras, documentação esta que compreende o Projeto de Engenharia, os Programas Ambientais pertinentes do Plano Básico Ambiental e as recomendações e exigências dos órgãos ambientais.

O conjunto de soluções e procedimentos acima reportados constitui elenco bastante diversificado de medidas condicionantes que, à luz do instrumental técnico-normativo pertinente e referenciado à Norma DNIT 070/2006 PRO, comporta o desdobramento apresentado na forma das subseções 6.1 a 6.3, que se seguem.

6.1 Medidas condicionantes de cunho genérico, focalizadas na subseção 4.2 da Norma DNIT 070/2006-PRO, e que contemplam, entre outros, os seguintes tópicos:

- O atendimento à plena regularidade ambiental;
- A observância rigorosa da legislação referente ao uso e à ocupação do solo, vigente no município envolvido;
- O estabelecimento de horário de trabalho compatível com a lei do silêncio (regional ou local);
- O atendimento à segurança e ao conforto dos usuários da rodovia e dos moradores das faixas lindeiras;
- A segurança operacional dos trabalhadores da obra;
- O planejamento e a programação das obras;
- O disciplinamento do fluxo de tráfego e do estacionamento dos veículos e equipamentos;
- A devida recuperação ambiental das áreas afetadas pelas obras, após o encerramento das atividades.

6.2 Medidas condicionantes de cunho específico, focalizadas na subseção 5.1 da Norma DNIT 070/2006-PRO, e que contemplam os tópicos "canteiro de obras", "instalações industriais" e "equipamentos em geral", em suas etapas de instalação / mobilização, de operação e de desmobilização.

6.3 Medidas condicionantes de cunho específico, focalizadas na subseção 5.5 da Norma DNIT 070/2006-PRO, e que, contemplando as atividades e ocorrências relacionadas com a execução dos cortes, se detêm, entre outros tópicos, nos seguintes:

- Ocorrências e/ou aceleração de processos erosivos;
- Problemas de instabilidade física dos maciços;
- Implantação de sistema de drenagem específico;
- Execução de obras e serviços de proteção;
- Operações de terraplenagem em rocha;
- Execução de corta-rios e execução de bota-fora.

NOTA: Em função de necessidades e particularidades específicas, detectadas ao longo do desenvolvimento dos serviços, a Fiscalização deve acatar, acrescentar, complementar ou suprimir itens integrantes do elenco de condicionantes, instituído na documentação técnica reportada.

7 Inspeções

Objetivando o atendimento ao preconizado nas Normas DNIT 011/2004-PRO e DNIT 013/2004-PRO, a Fiscalização deve elaborar e cumprir competente Programa de Inspeções, de sorte a exercer o controle externo da obra.

Neste sentido, e de conformidade com o instituído no "Planejamento Geral da Obra ou Plano da Qualidade (PGQ), referidas inspeções, de forma sistemática e contínua, devem atender ao disposto nas subseções 7.1 a 7.4 que se seguem:

7.1 Controle dos insumos

O controle tecnológico dos materiais utilizados para a eventual substituição e/ou tratamento das camadas superficiais dos cortes, conforme preconizado na subseção 5.3.4 desta Norma, deve ser procedido na forma da subseção 7.1 – Controle dos insumos, da Norma DNIT 108/2009-ES – Aterros – Especificação de serviço.

7.2 Controle da execução

Deve ser verificado, para cada corte escavado, se:

- A sua execução foi, na forma devida, formalmente autorizada pela Fiscalização;
- O avanço longitudinal dos serviços de execução dos cortes se processa sem prejuízo no desenvolvimento adequado dos serviços de acabamento dos cortes já atacados;

- O estágio e o ritmo desenvolvido nos serviços de escavação são compatíveis com o desenvolvimento das atividades pertinentes, nas unidades/componentes interferentes com o respectivo plano de utilização/distribuição dos materiais;
- O disposto nas seções 4 e 5 desta Norma está sendo devidamente atendido.
- Relativamente à substituição e/ou tratamento das camadas superficiais dos cortes deve ser procedido o seguinte:
  - Quanto aos atributos genéricos, deve ser observado o disposto na subseção 7.2.1 da Norma DNIT 108/2009-ES – Aterros – Especificação de serviço.
  - Quanto à compactação, deve ser observado o disposto na subseção 7.2.3 da Norma DNIT 108/2009-ES – Aterros – Especificação de serviço.

7.3 Verificação do produto

7.3.1 Quanto ao controle geométrico

O controle geométrico da execução dos serviços deve ser feito por levantamento topográfico e com gabarito apropriado, e considerando os elementos geométricos estabelecidos nas "Notas de Serviço", com as quais deve ser feito o acompanhamento da execução dos serviços. Através do nivelamento do eixo e das bordas e de medidas da largura, deve ser verificado se foi alcançada a conformação da seção transversal do projeto de engenharia, admitidas as seguintes tolerâncias:

a) Variação de altura máxima, para eixo e bordas:
   - Cortes em solo: ± 0,05 m;
   - Cortes em rocha: ± 0,10 m.

b) Variação máxima de largura de + 0,20 m para cada semi-plataforma, não se admitindo variação negativa.

7.3.2 Quanto à configuração dos taludes

O controle deve ser visual, considerando-se o definido no projeto de engenharia e o constante nas subseções 5.3.5, 5.3.6, 5.3.7, 5.3.12 e 5.3.15 desta Norma.

7.3.3 Quanto a outros atributos

O controle deve ser visual, considerando-se o definido no projeto de engenharia e o constante em várias subseções da seção 5 desta Norma, e que abordam os seguintes tópicos:

- Ocorrência de solos inadequados e respectivas remoções;
- Dispositivos de drenagem superficial e profunda;
- Ocorrências ou riscos de instabilidade;
- Escavações de corta-rios.

7.3.4 Quanto ao atendimento ambiental

Deve ser verificada a devida observância e atendimento ao disposto na seção 6 desta Norma, bem como procedida a análise dos resultados então alcançados, em termos de preservação ambiental.

7.4 Condições de conformidade e não-conformidade

Tais condições devem ser inferidas a partir do resultado das verificações, controles e análises reportados nas subseções 7.1 e 7.2 desta Norma.

Admitidas como atendidas as prescrições das subseções em foco, os serviços devem ser aceitos.

Todo componente ou detalhe incorreto deve ser corrigido.

Qualquer serviço, então corrigido, só deve ser aceito se as correções executadas o colocarem em conformidade com o disposto nesta Norma, caso contrário o serviço deve ser rejeitado.

8 Critérios de medição

Considerando que a medição dos serviços tem como uma de suas finalidades básicas a determinação, de forma racional e precisa, do respectivo custo de execução, a abordagem desta seção comportar dois tópicos específicos, a saber: a "medição propriamente dita dos serviços executados" e a "apropriação do custo da respectiva execução".

8.1 Processo de medição

A medição dos serviços deve levar em consideração o volume de material extraído e a respectiva dificuldade de extração, medido e avaliado no corte (volume "in natura") e a distância de transporte percorrida, entre o corte e o local de deposição.

NORMA DNIT 106/2009-ES 9

Neste sentido, os serviços aceitos de conformidade com a subseção 7.3, devem ser medidos de acordo com os critérios instituídos nas subseções 8.1.1 a 8.1.4.

8.1.1 A cubação dos materiais escavados deve ser efetivada com base no apoio topográfico e referências de nível (RN) integrantes do Projeto de Engenharia, devendo as seções primitivas ser objeto de checagens e dos devidos tratamentos focalizados nas subseções 4.2.1, 4.2.2 e 4.2.4 da Norma DNIT 104/2009 - ES – Terraplenagem - Serviços preliminares, e na subseção 4.5 desta Norma.

Assim, para efeito de cálculo dos volumes deve ser aplicado o método da "média das áreas", devendo as seções transversais finais a terem lugar após a conclusão do corte, ser levantadas dentro de adequado grau de precisão e de forma solidária com os RN que referenciaram as seções primitivas, bem como aquelas seções transversais levantadas em seqüência ao desmatamento, na forma da subseção 4.5 desta Norma, seções transversais estas que passam a ser consideradas como as seções primitivas a serem efetivamente adotadas, para efeito de controle e de medição dos serviços.

Os valores, então obtidos, devem ser cotejados e considerados em função do disposto no projeto de engenharia, em especial as seções transversais definidas, o Diagrama de Bruckner e sua segmentação, na forma da subseção 4.2.7 da Norma DNIT 104/2009 - ES, bem como as tolerâncias assumidas, conforme preconizado na seção 7 desta Norma.

8.1.2 No que respeita à caracterização dos materiais escavados – estes, devidamente classificados conforme mencionado na subseção 5.1 desta Norma, comportarão, para cada corte apreciado isoladamente, a sua distribuição em três grupos ou categorias, a saber: 1ª categoria, 2ª categoria e 3ª categoria – observando-se o seguinte:

a) Nos cortes em que o material de 3ª categoria estiver perfeitamente caracterizado deve ser procedida a medição específica. Para tanto, considerando os resultados das sondagens existentes, deve ser levantado, cuidadosamente, o contorno da configuração rochosa e aplicando-se, em seqüência, o disposto na subseção 8.1.1 anterior.

b) Os cortes que apresentarem mistura de material de 3ª categoria com as demais categorias, de limites pouco definidos, devem ser objeto de "classificação", de conformidade com as competentes sistemáticas e normas vigentes no DNIT.

c) Com o objetivo de subsidiar o processo de classificação, para cada corte suscetível de tal procedimento de classificação, com base no acompanhamento da execução dos respectivos serviços de escavação, para cada estaca/seção (com eventuais interpolações) deve ser desenhada a seção estratificada, apresentando a caracterização e o contorno de cada horizonte delimitador de cada modificação de natureza de materiais em termos de respectiva classificação, contendo, ainda, a indicação e os resultados das sondagens existentes.

d) Em função da respectiva magnitude, deve ser promovida a anexação de fotografias do corte, efetuadas imediatamente antes da extração da rocha e em seqüência à detonação do explosivo, procedendo-se, ainda, devidas anotações no "Diário de Obras".

8.1.3 No que respeita ao transporte do material escavado, a distância correspondente deve ser determinada em termos de extensão axial entre o centro de gravidade de cada corte e o centro de gravidade do segmento de aterro em construção, onde deve ser depositado o material. No caso de se tratar de deposição provisória ou de bota-fora, deve ser devidamente considerada a distância adicional decorrente do afastamento lateral. Para tanto, deve ser observado o preconizado no Manual de Implantação Básica do DNIT e procedidas medidas de campo.

Em seqüência, deve ser observado o seguinte:

a) As distâncias obtidas na forma anterior devem ser, então, referidas ou enquadradas nas correspondentes "faixas de distâncias de transporte" instituídas no Projeto de Engenharia e considerando o "Quadro de Distribuição de Materiais para Terraplenagem" elaborado e vinculado à segmentação do "Diagrama de

Brückner, tratada na subseção 4.2.7 da Norma DNIT 104/2009 - ES - Serviços preliminares.

b) Assim, para cada corte e respectivo grupo de categoria de materiais classificados, deve ser definido o respectivo atributo de "Distância de Transporte".

c) Os pares "Volume Escavado x Distância de Transporte", relativos a cada uma das 3 categorias de materiais e referentes a cada corte devem, então, ser distribuídos, em função da utilização / destino do material.

8.1.4 Devem ser consideradas como integrantes ordinárias dos processos executivos pertinentes aos serviços focalizados nas subseções 8.1.1 a 8.1.3, as seguintes operações:

a) As operações referentes à regularização e acabamento final dos taludes dos cortes, inclusive as referentes ao escalonamento dos taludes, quando ocorrentes.

b) As operações referentes à preservação ambiental, focalizada na seção 6 desta Norma.

8.1.5 Na Memória de Cálculo dos Quantitativos pertinentes à execução dos serviços em foco, os pares "Volume Escavado x Distância de Transporte", relativo a cada uma das 3 categorias de materiais e referentes a cada corte, atendida a subseção 8.1.3, devem ser objeto de quantificação e apresentação explícita em separado, em função da utilização / destino de material. Neste sentido, os demonstrativos dos quantitativos de serviços executados devem estar referidos ao estaqueamento do eixo da via em construção e desdobrados em seis conjuntos, na forma que se segue:

a) Os volumes de materiais transportados do corte para o segmento de aterro a ser executado, conforme a seção básica definida no Projeto de Engenharia e de conformidade com a Nota de Serviço de Terraplenagem.

b) Os volumes de materiais transportados do corte para bota-fora, por se tratar de material de má qualidade, na forma da subseção 5.3.3 desta Norma.

c) Os volumes de materiais transportados do corte para praça de depósito provisório/reserva, para utilização *a posteriori*, conforme subseção 5.3.8 desta Norma.

d) Os volumes de materiais excedentes transportado dos cortes, na forma da subseção 5.3.1 desta Norma, para o segmento ou sub-segmento de aterro a ser executado.

e) Os volumes de materiais transportados do corte para bota-fora, por se tratar de material excedente e na forma da subseção 5.3.10 desta Norma.

f) Os volumes de materiais transportados da praça de depósito provisório/reserva, para a plataforma em construção.

NOTAS:

Os serviços pertinentes à abertura dos caminhos de serviço que se situam dentro da faixa de "off-sets" devem ter seu demonstrativo de cálculo inserido na planilha referente aos caminhos de serviço, mas o respectivo quantitativo de serviço estabelecido deve ser agregado ao conjunto referente à alínea que lhe corresponde, definida na subseção 8.1.5 desta Norma.

O disposto no tópico anterior deve estar devidamente registrado nas Memórias de Cálculo dos serviços pertinentes, relativos às Especificações em foco.

O Modelo correspondente da Folha de Memória de Cálculo, com respectiva instrução para elaboração, consta no Manual de Implantação Básica, do DNIT.

8.2 Apropriação do custo de execução dos serviços

Para efeito de determinação do custo unitário dos serviços deve ser observado o disposto nas subseções 8.2.1 a 8.2.4 a seguir:

8.2.1 O serviço de execução dos cortes deve ter sua unidade referida ao "m³", considerando os atributos focalizados em 8.1.1, 8.1.2 e 8.1.3 e a respectiva apropriação engloba, inclusive, todas as operações pertinentes ao definido na subseção 8.1.4.

8.2.2 No tocante aos serviços enquadrados nas alíneas "a, "b", "c", "d" e "e" da subseção 8.1.5, os respectivos custos devem agregar as fases de escavação, de carga e de transporte do material, desde o corte até o local de deposição, conforme expresso nas alíneas em foco.

8.2.3 No tocante aos serviços enquadrados na alínea "f" da subseção 8.1.5, o custo pertinente deve compreender as etapas de carga e transporte do material e a respectiva apropriação deve ocorrer após a efetiva execução dos serviços.

8.2.4 A linha metodológica, a ser ordinariamente adotada, bem como o elenco de valores de parâmetros e de fatores interferentes, devem ser os estabelecidos no Manual de Composição de Custos Rodoviários do DNIT.

Ante particularidades ou especificidades, evidenciadas quando da elaboração do Projeto de Engenharia, e relativamente aos parâmetros e fatores interferentes, cabe a adoção de valores diferentes do preconizado no referido Manual de Composição de Custos Rodoviários, sem prejuízo da aplicação da linha metodológica mencionada.

8.2.5 A apropriação do custo de execução correspondente deve ser obtida de conformidade com os quantitativos de serviços estabelecidos, conforme 8.1.5 e mediante a aplicação dos respectivos custos unitários estabelecidos na forma das subseções 8.2.1 a 8.2.4.

_______________/Anexo A

Anexo A (Informativo)

Bibliografia

a) BRASIL. Departamento Nacional de Estradas de Rodagem. *Manual de implantação básica*. 2. ed. Rio de Janeiro: IPR, 1996. (IPR. Publ., 696).

b) BRASIL. Departamento Nacional de Infraestrutura de Transportes. *Manual de conservação rodoviária*. 2. ed. Rio de Janeiro: IPR, 2005. (IPR. Publ., 710)

c) _____. Diretoria-Geral. *Manual de custos rodoviários*. 3. ed. Rio de Janeiro, 2003. 7v. em 13.

_________________/Índice geral

Índice geral

DNIT

Agosto/2009	NORMA DNIT 107/2009 - ES

Terraplenagem - Empréstimos - Especificação de serviço

MINISTÉRIO DOS TRANSPORTES

DEPARTAMENTO NACIONAL DE INFRAESTRUTURA DE TRANSPORTES

DIRETORIA-GERAL

DIRETORIA EXECUTIVA

INSTITUTO DE PESQUISAS RODOVIÁRIAS

Rodovia Presidente Dutra, km 163
Centro Rodoviário – Vigário Geral
Rio de Janeiro – RJ – CEP 21240-000
Tel/fax: (21) 3545-4600

Autor: Instituto de Pesquisas Rodoviárias – IPR

Processo: 50.607.003.581/2008-46

Origem: Revisão da Norma DNER - ES 281/97.

Aprovação pela Diretoria Colegiada do DNIT na reunião de 04/08/2009.

Palavras-Chave: Terraplenagem, Empréstimos	Nº total de páginas 11

Resumo

Este documento define a sistemática a ser empregada na execução de empréstimos de materiais utilizados na execução de aterros.

São também apresentados os requisitos concernentes a materiais, equipamentos, execução, inclusive plano de amostragem e de ensaios, condicionantes ambientais, controle de qualidade, condições de conformidade e não-conformidade e os critérios de medição dos serviços.

Abstract

This document presents procedures for the escavation of the materials from borrow pits used for the execution of embankments.

It includes the requirements concerning materials, the equipment, the execution, includes also a sampling plan, and essays, environmental management, quality control, and the conditions for conformity and non-conformity and the criteria for the measurement and payment of the performed jobs.

Sumário

Prefácio

A presente Norma foi preparada pelo Instituto de Pesquisas Rodoviárias – IPR/DIREX, para servir como documento base, visando estabelecer a sistemática empregada para os serviços de execução e controle da qualidade de empréstimos de materiais utilizados na execução de aterros em rodovias.

Está formatada de acordo com a Norma DNIT 001/2009 – PRO, cancela e substitui a Norma DNER-ES 281/97.

1 Objetivo

Esta Norma tem por objetivo estabelecer as condições exigíveis para escavações de material destinado a prover ou complementar o volume necessário à construção dos aterros, por insuficiência de volumes de cortes, por motivos de ordem tecnológica de seleção dos materiais ou por razões de ordem econômica.

2 Referências normativas

Os documentos relacionados a seguir são indispensáveis à aplicação desta norma. Para referências datadas, aplicam-se somente as edições citadas. Para referências não datadas, aplicam-se as edições mais recentes do referido documento (incluindo emendas).

BRASIL. Departamento Nacional de Estradas de Rodagem. *DNER-ME 49/94* – Solos – Determinação do Índice Suporte Califórnia utilizando amostras não trabalhadas. Rio de Janeiro: IPR, 1994.

_____.*DNER-ME 129/94* – Solo – Compactação utilizando amostras não trabalhadas. Rio de Janeiro: IPR, 1994.

_____.*DNER-PRO 277* - Metodologia para controle estatístico de obras e serviços. Rio de Janeiro: IPR.

BRASIL. Departamento Nacional de Infraestrutura de Transportes. *DNIT 001/2009-PRO* - Elaboração e apresentação de normas do DNIT - Procedimento. Rio de Janeiro: IPR, 2009.

_____. *DNIT 011/2004-PRO* - Gestão da qualidade em obras rodoviárias - Procedimento. Rio de Janeiro: IPR, 2004.

_____. *DNIT 013/2004-PRO* - Requisitos para a qualidade em obras rodoviárias - Procedimento. Rio de Janeiro: IPR 2004.

_____. *DNIT 070-PRO* - Condicionantes ambientais das áreas de uso de obras - Procedimento. Rio de Janeiro: IPR.

_____. *DNIT 104-ES* - Terraplenagem – Serviços preliminares - Especificação de Serviço. Rio de Janeiro: IPR.

_____. *DNIT 106-ES* - Terraplenagem – Cortes - Especificação de serviço. Rio de Janeiro: IPR.

3 Definições

Para os efeitos desta Norma são adotadas as seguintes definições:

3.1 Equipamento em geral

Máquinas, veículos, equipamentos outros e todas as unidades móveis utilizadas na execução dos serviços e obras.

3.2 Empréstimos

Áreas indicadas no projeto, ou selecionadas, onde devem ser escavados materiais a utilizar na execução da plataforma da rodovia, nos segmentos em aterro. Tais áreas são utilizadas para suprir a deficiência ou insuficiência de materiais extraídos dos cortes.

3.3 Aterros

Segmentos de rodovia cuja implantação requer depósito de materiais provenientes de cortes e/ou de empréstimos no interior dos limites das seções de projeto (Off sets) que definem o corpo estradal, o qual corresponde à faixa terraplenada.

3.4 Faixa terraplenada

Faixa correspondente à largura que vai de crista a crista do corte, no caso de seção plena em corte; do pé do aterro ao pé do aterro, no caso de seção plena em aterro; e da crista do corte ao pé do aterro, no caso da seção mista. E a área compreendida entre as linhas "Off sets".

3.5 Corpo de aterro

Parte do aterro situada sobre o terreno natural e sob a camada final.

3.6 Camada final

Parte do aterro constituída de material selecionado, como base em preceitos técnico-econômicos, com 60,0 cm de espessura, situada sobre o corpo do aterro ou sobre o terreno remanescente de um corte e cuja superfície é definida pelo greide de terraplenagem.

4 Condições Gerais

O processo de seleção e/ou utilização de "empréstimos", a par de atender aos preceitos do Projeto de Terraplenagem, deve também beneficiar as condições da estrada, seja melhorando as condições topográficas ou de visibilidade, seja garantindo uma melhor drenagem.

Neste sentido, os posicionamentos e a exploração dos empréstimos devem, alternativamente, obedecer ao disposto nas subseções 4.1 a 4.7.

4.1 Nos cortes, de uma maneira geral, deve ser adotado, alternativamente, o seguinte:

a) Adoção de uma maior inclinação dos taludes, de modo a suavizá-los e melhorar sua estabilidade.

b) Rebaixamento do fundo do corte, com modificação do greide, para melhorá-lo.

4.2 No caso dos cortes em tangente devem ser adotados os seguintes procedimentos:

a) No caso de cortes de pequena altura, alargando-os em toda a altura, para melhorar as condições de drenagem e de visibilidade;

b) No caso de corte de altura significativa, promover o alargamento até determinada altura, criando-se banquetas e melhorando a estabilidade dos taludes.

4.3 Nos cortes em segmento em curva, deve ser feito no lado interno da curva, em toda altura ou não, melhorando as condições de visibilidade.

4.4 No caso dos aterros (empréstimos laterais), deve ser feito lateralmente, com o intuito de diminuir a distância de transporte do equipamento, melhorando as condições de drenagem (elevação de greide).

4.5 Os procedimentos definidos nas subseções 4.1 a 4.4 não devem recair sobre cortes e áreas que apresentem, no todo ou em parte, ocorrências de materiais de 3ª categoria (rochas).

4.6 Antes do início da exploração do empréstimo, os elementos/componentes do processo construtivo da terraplenagem, que de forma conjugada com cada empréstimo em foco serão utilizados para implantação da via, devem estar em condições adequadas, condições estas retratadas pelo atendimento ao disposto nas subseções 4.1 a 4.8 da Norma DNIT 106/2009 - ES.

4.7 O apoio topográfico pertinente a cada uma das caixas de empréstimos a ser explorada, já devidamente atendido o disposto nas subseções 4.2.3 e 4.2.4 da Norma DNIT 104/2009 - ES - Serviços Preliminares, deve, após as operações de desmatamento e destocamento, ser devidamente checado e, ser for o caso, revisto, de sorte a retratar a nova configuração da superfície.

Neste sentido, e em conseqüência, deve ser locada nova rede ortogonal, de forma solidária com os RN's instituídos no projeto geométrico. Tal nova rede deve-se constituir no apoio topográfico a ser efetivamente considerado, para efeito do controle geométrico dos serviços e da medição do material escavado.

5 Condições Específicas

5.1 Materiais

Os empréstimos definidos e selecionados no projeto de engenharia para utilização na execução ou na complementação da execução dos aterros, devem ser constituídos de materiais de 1ª e/ou 2ª categoria e atender a vários requisitos, em termos de características mecânicas e físicas.

Neste sentido, os materiais em foco, conforme definido no projeto de engenharia, devem, ordinariamente, atender ao seguinte:

a) Ser preferencialmente utilizados, atendendo à qualidade e à destinação prévia indicadas no projeto de engenharia.

b) Ser isentos de matérias orgânicas, micáceas e diatomáceas. Não devem ser constituídos de turfas ou argilas orgânicas.

c) Para efeito de execução do corpo do aterro, apresentar capacidade de suporte compatível (ISC ≥ 2%) e expansão menor ou igual a 4%, determinados por intermédio dos seguintes ensaios:

- Ensaio de Compactação – Norma DNER-ME 129/94 (Método A).
- Ensaio de Índice Suporte Califórnia - ISC Norma DNER ME 49/94, com a energia do Ensaio de Compactação (Método A).

d) Para efeito de execução da camada final de aterros e/ou substituição da camada superficial de cortes, apresentar, dentro das disponibilidades e em consonância com os preceitos de ordem técnico-econômica, a melhor capacidade de suporte e expansão menor ou igual a 2%, cabendo a determinação dos valores de CBR e de expansão pertinentes, por intermédio dos seguintes ensaios.

- Ensaio de Compactação – Norma DNER-ME 129/94 (Método B).
- Ensaio de Índice Suporte Califórnia - ISC Norma DNER-ME 49/94, com a energia do Ensaio compactação (Método B).

NOTA: O atendimento aos mencionados preceitos deve ser efetivado através de análise técnico-econômica, considerando várias alternativas de disponibilidades de materiais ocorrentes e incluindo-se, pelo menos, 01 (uma) alternativa com a utilização de material com CBR ≥ 6%.

5.2 Equipamentos

A escavação em empréstimos deve prever a utilização racional de equipamento apropriado, atendendo à produtividade requerida. Utilizam-se, em geral, tratores equipados com lâminas, escavo-transportadores ou escavadores conjugados com transportadores diversos, além de tratores empurradores (pushers). Complementarmente, podem ser também utilizados tratores e moto-niveladoras para escarificação, manutenção de caminhos de serviço e áreas de trabalho.

5.3 Execução

O início e o desenvolvimento dos serviços de exploração de empréstimos devem obedecer, rigorosamente, à programação de obras estabelecida e consignada na "Segmentação do Diagrama de Bruckner", enfocada na subseção 4.2.7 da Norma DNIT 104/2009 - ES - Serviços Preliminares.

Uma vez atendida esta condição, as explorações dos empréstimos devem ser executadas, após devida autorização da Fiscalização, mediante a utilização dos equipamentos focalizados em 5.2 e compreendendo e atendendo ao contido nas subseções 5.3.1 a 5.3.11.

5.3.1 Os serviços a serem executados, atendendo ao projeto de engenharia, devem considerar o disposto na seção 4 desta Norma e se condicionar à efetiva ocorrência de materiais adequados e respectiva exploração em condições econômicas.

5.3.2 A escavação deve ser precedida da execução dos serviços de desmatamento, destocamento e limpeza da área de empréstimo.

5.3.3 Somente após a completa remoção desta camada estéril e com a devida autorização por parte da Fiscalização pode ser efetivada a escavação e respectiva utilização.

5.3.4 Os empréstimos em alargamento de corte devem, preferencialmente, atingir a cota do greide, não sendo permitida, em qualquer fase da execução, a condução de águas pluviais para a plataforma da rodovia.

5.3.5 No caso de caixas de empréstimos laterais destinados a trechos construídos em greide elevado, as bordas internas das caixas de empréstimos devem localizar-se à distância mínima de 5,00 m do pé do aterro, bem como executados com declividade longitudinal, permitindo a drenagem das águas pluviais.

5.3.6 Ainda em referência aos empréstimos laterais, entre a borda externa das caixas de empréstimos e o limite da faixa de domínio, deve ser mantida sem exploração uma faixa de 2,00 m de largura, a fim de permitir a implantação da vedação delimitadora.

5.3.7 No caso de empréstimos definidos como alargamento de cortes, a faixa mencionada na subseção 5.3.6 deve ter largura mínima de 3,00 m, com a finalidade de permitir, também, a implantação da valeta de proteção.

5.3.8 Constatada a conveniência técnica e econômica da reserva de materiais escavados nos empréstimos, para confecção das camadas superficiais da plataforma, deve ser procedido o depósito dos referidos materiais, para sua oportuna utilização.

5.3.9 O acabamento das bordas das caixas de empréstimo deve ser executado sobre taludes estáveis.

5.3.10 Durante as operações de escavação dos empréstimos devem ser tomados os cuidados especiais, no sentido de que os taludes dos cortes e/ou das caixas de empréstimos se apresentem sempre com a devida inclinação.

À medida que o empréstimo for sendo rebaixado, a inclinação dos taludes deve ser acompanhada e verificada, mediante a utilização de gabarito apropriado, e procedendo-se as eventuais correções.

5.3.11 No caso de acentuada interferência com o tráfego usuário, e desde que este acuse significativa magnitude, o transporte dos materiais dos empréstimos para os locais de deposição deve ser efetivado, obrigatoriamente, por caminhões basculantes.

6 Condicionantes ambientais

Nas operações destinadas à exploração de caixas de empréstimo, objetivando a preservação ambiental, devem ser devidamente observadas e adotadas as soluções e os respectivos procedimentos específicos atinentes ao tema ambiental, definidos e/ou instituídos no instrumental técnico-normativo pertinente vigente no DNIT e na documentação técnica vinculada à execução das obras, documentação esta que compreende o Projeto de Engenharia, os Programas Ambientais pertinentes do Plano Básico Ambiental e as recomendações e exigências dos órgãos ambientais.

O conjunto de soluções e procedimentos, acima reportados, constitui elenco bastante diversificado de medidas condicionantes que, à luz do instrumental técnico-normativo pertinente e referenciado à Norma DNIT 070/2006-PRO, comporta o desdobramento apresentado na forma das subseções 6.1 a 6.3, que se seguem.

6.1 Medidas condicionantes de cunho genérico, focalizadas na subseção 4.2 da Norma DNIT 070/2006-PRO, e que contemplam, entre outros, os seguintes tópicos:

- O atendimento à plena regularidade ambiental;
- A observância rigorosa da legislação referente ao uso e à ocupação do solo, vigente no município envolvido;
- O estabelecimento de horário de trabalho compatível com a lei do silêncio (regional ou local);
- O atendimento à segurança e ao conforto dos usuários da rodovia e dos moradores das faixas lindeiras;
- A segurança operacional dos trabalhadores da obra;
- O planejamento e a programação das obras;
- O disciplinamento do fluxo de tráfego e do estacionamento dos veículos e equipamentos;
- A devida recuperação ambiental das áreas afetadas pelas obras, após o encerramento das atividades.

6.2 Medidas condicionantes de cunho específico, focalizadas na subseção 5.1 da Norma DNIT 070/2006-PRO, e que contemplam os tópicos "canteiro de obras", "instalações industriais" e "equipamentos em geral", em suas etapas de instalação/mobilização, de operação e de desmobilização.

6.3 Medidas condicionantes de cunho específico, focalizadas na subseção 5.4 da Norma DNIT 070/2006-PRO e que, contemplando as atividades pertinentes à exploração das caixas de empréstimo, se detêm, entre outros tópicos, nos seguintes:

- Atendimento aos preceitos vigentes e os instituídos pelos competentes órgãos regionais;
- Execução do PRAD – Plano de Recuperação de Áreas Degradadas aprovado, elaborado em conformidade com o respectivo Programa Ambiental;
- Preservação dos cursos d'água, dos centros urbanos e das unidades habitacionais;
- Preservação das áreas situadas em reservas florestais, ecológicas ou de valor cultural, protegidas pela legislação;
- Preservação de sistemas naturais e das espécies de fauna rara, ou em extinção, e de interesse científico ou econômico;
- Adoção de medidas, objetivando evitar a ocorrência ou aceleração de processos

erosivos e a formação de processos de instabilidade física;

- Instalação de sistema de drenagem específico;
- Realização de inspeções ambientais, de conformidade com a periodicidade estabelecida, e a ter lugar durante a fase de operação das caixas de empréstimo.

NOTA: Em função de necessidades e particularidades específicas, detectadas ao longo do desenvolvimento dos serviços, a Fiscalização deve acatar, acrescentar, complementar ou suprimir itens integrantes do elenco de condicionantes, instituído na documentação técnica reportada.

7 Inspeções

Objetivando o atendimento ao preconizado nas Normas DNIT 011/2004-PRO e DNIT 013/2004-PRO, a Fiscalização deve elaborar e cumprir competente Programa de Inspeções, de sorte a exercer o controle externo da obra.

Neste sentido e de conformidade com o instituído no "Planejamento Geral da Obra ou Plano da Qualidade (PGQ)", referidas inspeções, de forma sistemática e contínua, devem atender ao disposto nas subseções 7.1 a 7.4 que se seguem.

7.1 Controle dos insumos

Deve ser procedido o controle tecnológico dos materiais, na forma das normas específicas vigentes no DNIT, objetivando verificar quanto aos atendimentos aos vários requisitos em termos de características físicas e mecânicas, de conformidade com o definido no projeto de engenharia e nas alíneas "a" a "d" da subseção 5.1 desta Norma.

7.2 Controle da execução

Deve ser verificado, para a utilização de cada empréstimo, se:

- A sua exploração foi, na forma devida, formalmente autorizada pela Fiscalização;
- A destinação do material extraído está em conformidade com a distribuição definida no projeto de engenharia;
- O disposto nas seções 4 e 5 desta Norma está sendo devidamente atendido.

7.3 Verificação do produto

7.3.1 Quanto ao Controle Geométrico

O controle geométrico deve ser feito por meio de levantamento topográfico e de forma visual, devendo ser verificado se:

- As demarcações pertinentes às definições das áreas e respectivos horizontes utilizáveis dos empréstimos atendem ao estabelecido no projeto de engenharia;
- O disposto nas subseções 5.3.5, 5.3.6 e 5.3.7 da seção 5 desta Norma foi devidamente atendido.

7.3.2 Quanto ao acabamento e configuração dos taludes

Deve ser verificada a efetiva observância ao disposto nas subseções 5.3.9 e 5.3.10 da seção 5 desta Norma.

7.3.3 Quanto ao atendimento ambiental

Deve ser verificado quanto à devida observância e atendimento ao disposto na seção 6 desta Norma, bem como procedida a análise dos resultados então alcançado, em termos de preservação ambiental.

7.4 Condições de conformidade e não-conformidade

Tais condições devem ser inferidas a partir do resultado das verificações, controles e análises reportados nas subseções 7.1, 7.2, e 7.3 desta Norma.

Admitidas como atendidas as prescrições das subseções em foco, os serviços devem ser aceitos.

Todo componente ou detalhe incorreto deve ser corrigido.

Qualquer serviço, então corrigido, só deve ser aceito se as correções executadas o colocarem em conformidade com o disposto nesta Norma, caso contrário o serviço deve ser rejeitado.

8 Critérios de medição

Considerando que a medição dos serviços tem como uma de suas finalidades básicas a determinação, de forma racional e precisa, do respectivo custo de execução, a abordagem desta seção comporta dois tópicos específicos, a saber: A "medição propriamente dita dos serviços executados" e a "apropriação do custo da respectiva execução".

É de se observar que, no caso dos empréstimos que consistiram em alargamentos/rebaixamentos de cortes, os respectivos processos de medição foram devidamente abordados na Norma DNIT 106/2009 - ES - Cortes. Assim sendo, na presente seção são enfocados os procedimentos concernentes às intituladas "Caixas de Empréstimos" (empréstimos laterais).

8.1 Processo de medição

A medição dos serviços deve levar em consideração o volume de material extraído e respectiva dificuldade de extração, conforme o constante no Projeto de Engenharia e considerado e avaliado na caixa de empréstimo (volume in natura). Deve agregar, ainda, a distância de transporte a ser percorrida, entre a caixa de empréstimo e o local de deposição na pista ou na praça de depósito / reserva.

Neste sentido, os serviços aceitos de conformidade com a subseção 7.4 devem ser medidos de acordo com os critérios instituídos nas subseções 8.1.1 a 8.1.4.

8.1.1 A cubacão dos materiais escavados deve ser efetivada com base no apoio topográfico e referências de nível (RN) integrantes do Projeto de Engenharia. O referido apoio topográfico, consubstanciado na apresentação da "Rede de Malhas Cotadas", deve ser objeto de checagens e dos devidos tratamentos focalizados nas subseções 4.2.1, 4.2.3 e 4.2.4 da Norma DNIT 104/2009 - ES - Serviços Preliminares e na subseção 4.7 desta Norma.

Assim é que, após o desmatamento e limpeza da caixa de empréstimo, deve ser procedido novo levantamento e nivelamento de toda a base topográfica, constituindo-se, então, na "Rede Primitiva" a ser efetivamente adotada para efeito de controle geométrico e de medição dos materiais escavados. O levantamento final, após a utilização da caixa de empréstimo, deve ser procedido, dentro de adequado nível de precisão e de forma solidária com os RN que referenciaram o nivelamento anterior (primitivo).

NOTAS:

- Os valores então obtidos, medidos nas caixas de empréstimos, devem ser cotejados e considerados em função do disposto no projeto de engenharia, em especial as indicações constantes no Diagrama de Bruckner e sua segmentação na forma da subseção 4.2.7 na Norma DNIT 104/2009 - ES – Serviços Preliminares, bem como as tolerâncias assumidas conforme preconizado na seção 7 desta Norma.
- No caso de se tratar de caixas de empréstimo de difícil cubação e/ou da utilização de ocorrência comercial, os volumes escavados devem ser obtidos indiretamente, considerando o correspondente fator de conversão (volume compactado/volume "in natura").

8.1.2 No que respeita à caracterização do material a ser escavado, este deverá ser classificado, para cada caixa de empréstimo isoladamente, considerando o constante no Projeto de Engenharia e o disposto na subseção 5.1 desta Norma.

8.1.3 No que respeita ao transporte do material escavado, a distância correspondente deve ser determinada em termos de extensão axial entre o centro de gravidade de cada empréstimo e o centro de gravidade do segmento de aterro em construção, onde será depositado o material. No caso de se tratar de deposição provisória, deve ser devidamente considerada a distância adicional decorrente do afastamento lateral. Para tanto, deve ser observado o preconizado no Manual de Implantação Básica do DNIT e procedidas medidas de campo.

Em seqüência, deve ser observado o seguinte:

a) As distâncias obtidas na forma anterior devem ser, então, referidas ou enquadradas nas correspondentes "faixas de distâncias de transporte" instituídas no Projeto de Engenharia e considerando o "Quadro de Distribuição de Materiais para Terraplenagem", elaborado e vinculado à segmentação do "Diagrama de Brückner, tratada na subseção 4.2.7 da Norma DNIT 104/2009 - ES - Serviços Preliminares.

b) Assim, para cada empréstimo e respectivo grupo de categoria de materiais classificados, deve ser definido o respectivo atributo de "Distância de Transporte".

c) Os pares "Volume Escavado x Distância de Transporte", relativos a cada uma das 2 categorias de materiais e referentes a cada empréstimo devem, então, ser distribuídos, em função da utilização / destino do material.

8.1.4 Devem ser consideradas como integrantes ordinárias dos processos executivos pertinentes aos serviços focalizados nas subseções 8.1.1 e 8.1.2, as seguintes operações:

a) As operações referentes à regularização e acabamento final dos taludes dos empréstimos, inclusive as referentes ao escalonamento dos taludes, quando ocorrente.

b) As operações referentes à preservação ambiental, focalizada na seção 6 desta Norma.

8.1.5 Na Memória de Cálculo dos Quantitativos pertinentes à execução dos serviços em foco, os pares "Volume Escavado x Distância de Transporte", relativos a cada uma das duas categorias de materiais e referentes a cada empréstimo, atendida a subseção 8.1.3, devem ser objeto de quantificação e apresentação explícita em separado, em função da utilização/destino do material. Neste sentido, os demonstrativos dos quantitativos de serviços executados, relativamente a cada caixa de empréstimo, devem estar referidos ao estaqueamento do eixo da via em construção e desdobrados em três conjuntos, na forma que se segue:

a) Os volumes de materiais transportados do empréstimo para a plataforma em construção.

b) Os volumes de materiais transportados do empréstimo para a praça de depósito provisório / reserva.

c) Os volumes de materiais transportados da praça de depósito provisório / reserva para a plataforma em construção.

NOTAS:

- Os serviços pertinentes à abertura dos caminhos de serviço que se situam dentro da faixa de "off-sets" devem ter seu demonstrativo de cálculo inserido na planilha correspondente a Caminhos de Serviço, mas o respectivo quantitativo de serviço estabelecido deve ser agregado ao conjunto referente à alínea "a", definida nesta subseção 8.1.5 desta Norma.
- O disposto no tópico anterior deve estar devidamente registrado nas Memórias de Cálculo pertinentes às Especificações em foco.
- O Modelo correspondente da Folha de Memória de Cálculo, com respectivas instruções para elaboração, consta no Manual de Implantação Básica, do DNIT.

8.2 Apropriação do custo de execução dos serviços

Para efeito de determinação do custo unitário dos serviços deve ser observado o disposto nas subseções 8.2.1 a 8.2.5 a seguir.

8.2.1 Os serviços de escavação dos empréstimos devem ter sua unidade referida ao "m³", medida na caixa de empréstimo (in natura), considerando os atributos focalizados nas subseções 8.1.1, 8.1.2 e 8.1.3, e a respectiva apropriação engloba, inclusive, todas as operações pertinentes ao definido na subseção 8.1.4.

8.2.2 Relativamente aos serviços enquadrados nas alíneas "a" e "b", da subseção 8.1.5 o custo pertinente deve compreender as etapas de escavação, carga e transporte do material.

8.2.3 Relativamente aos serviços enquadrados na alínea "c" da subseção 8.1.5, o custo pertinente deve compreender as etapas de carga e transporte do material.

8.2.4 A linha metodológica a ser ordinariamente adotada, bem como o elenco de valores de parâmetros e de fatores interferentes, são os estabelecidos no Manual de Composição de Custos Rodoviários do DNIT.

8.2.5 Ante particularidades ou especificidades, evidenciadas quando da elaboração do Projeto de Engenharia, e relativamente aos parâmetros e fatores interferentes, cabe a adoção de valores diferentes do preconizado no referido Manual de Composição de Custos Rodoviários, sem prejuízo da aplicação da linha metodológica mencionada,

8.2.6 A apropriação do custo de execução correspondente deve ser obtida de conformidade com os quantitativos de serviços estabelecidos na subseção 8.1.5 e mediante a aplicação dos respectivos custos unitários estabelecidos na forma das subseções 8.2.1 a 8.2.5.

_________________/Anexo A

Anexo A (Informativo)

Bibliografia

a) BRASIL. Departamento Nacional de Estradas de Rodagem - *Manual de implantação básica*. 2. ed. Rio de Janeiro: IPR, 1996. (IPR. Publ., 696).

b) BRASIL. Departamento Nacional de Infraestrutura de Transportes. Diretoria-Geral. *Manual de custos rodoviários*. 3. ed. Rio de Janeiro, 2003. 7v. em 13.

_________________/Índice geral

Índice geral

DNIT

Agosto/2009	NORMA DNIT 108/2009 - ES

Terraplenagem - Aterros - Especificação de Serviço

MINISTÉRIO DOS TRANSPORTES

DEPARTAMENTO NACIONAL DE INFRAESTRUTURA DE TRANSPORTES

DIRETORIA-GERAL

DIRETORIA EXECUTIVA

INSTITUTO DE PESQUISAS RODOVIÁRIAS

Rodovia Presidente Dutra, km 163
Centro Rodoviário – Vigário Geral
Rio de Janeiro – RJ – CEP 21240-000
Tel/fax: (21) 3545-4600

Autor: Instituto de Pesquisas Rodoviárias – IPR

Processo: 50.607.003.581/2008-46

Origem: Revisão da Norma DNER - ES 282/97

Aprovação pela Diretoria Colegiada do DNIT na reunião de 04/08/2009.

Palavras-Chave: Terraplenagem, Aterros	**Nº total de páginas** 13

Resumo

Este documento define a sistemática a ser empregada na execução de aterros como parte integrante da plataforma da rodovia.

São também apresentados os requisitos concernentes a materiais, equipamentos, execução, inclusive plano de amostragem e de ensaios, condicionantes ambientais, controle de qualidade, condições de conformidade e não-conformidade e os critérios de medição dos serviços.

Abstract

This document presents procedures for the execution of embankments as an integrated part of the road platform.

It includes the requirements concerning materials, the equipment, the execution, includes also a sampling plan, and essays, environmental management, quality control, and the conditions for conformity and non-conformity and the criteria for the measurement and payment of the performed jobs.

Sumário

Prefácio

A presente Norma foi preparada pelo Instituto de Pesquisas Rodoviárias – IPR/DIREX, para servir como documento base, visando estabelecer a sistemática empregada para os serviços de execução e controle de qualidade de aterros, como parte integrante da plataforma da rodovia.

Está formatada de acordo com a Norma DNIT 001/2009 – PRO, cancela e substitui a Norma DNER-ES 282/97.

1 Objetivo

Esta Norma tem por objetivo estabelecer as condições mínimas exigíveis para a execução dos segmentos da plataforma em aterros, mediante o depósito de materiais sobre o terreno natural.

2 Referências normativas

Os documentos relacionados a seguir são indispensáveis à aplicação desta norma. Para referências datadas, aplicam-se somente as edições citadas. Para referências não datadas, aplicam-se as edições mais recentes do referido documento (incluindo emendas).

a) BRASIL. Departamento Nacional de Estradas de Rodagem. *DNER-ME 037/94* - Solos – Determinação da massa específica aparente "in situ", com emprego do óleo. Rio de Janeiro: IPR 1994.

b) _____. *DNER-ME 049/94* - Solos – Determinação do "índice de suporte califórnia" utilizando amostras não trabalhadas. Rio de Janeiro: IPR, 1994.

c) _____. *DNER-ME 080/94* - Solos – Análise granulométrica por peneiramento. Rio de Janeiro: IPR, 1994.

d) _____. *DNER-ME 082/94* - Solos – Determinação do limite de plasticidade. Rio de Janeiro: IPR, 1994.

e) _____. *DNER-ME 092/94* - Solos – Determinação da massa específica aparente do solo "in situ", com o emprego do frasco de areia. Rio de Janeiro: IPR, 1994.

f) _____. *DNER-ME 122/94* - Solos – Determinação do limite de liquidez – Método de referência e método expedito. Rio de Janeiro: IPR, 1994.

g) _____. *DNER-ME 129/94* - Solos – Compactação utilizando amostras não trabalhadas. Rio de Janeiro: IPR, 1994.

h) BRASIL. Departamento Nacional de Infraestrutura de Transportes. *DNIT 001/2009-PRO* - Elaboração e apresentação de normas do DNIT - Procedimento. Rio de Janeiro: IPR, 2009.

i) _____. *DNIT 011/2004-PRO* - Gestão da qualidade em obras rodoviárias - Procedimento. Rio de Janeiro: IPR, 2004.

j) _____. *DNIT 013/2004-PRO* - Requisitos para a qualidade em obras rodoviárias - Procedimento. Rio de Janeiro: IPR, 2004.

k) _____. *DNIT 070-PRO* - Condicionantes ambientais das áreas de uso de obras - Procedimento. Rio de Janeiro: IPR.

l) _____. *DNIT 104-ES* - Terraplenagem – Serviços preliminares – Especificação de serviço. Rio de Janeiro: IPR.

m) _____. *DNIT 106-ES* - Terraplenagem – Cortes – Especificação de serviço. Rio de Janeiro: IPR.

n) _____. *DNIT 107-ES* - Terraplenagem – Empréstimos. Rio de Janeiro: IPR.

3 Definições

Para os efeitos desta Norma são adotadas as definições seguintes.

3.1 Equipamento em geral

Máquinas, veículos, equipamentos outros e todas as unidades móveis utilizadas na execução dos serviços e obras.

3.2 Aterros

Segmentos de rodovia cuja implantação requer depósito de materiais provenientes de cortes e/ou de empréstimos no interior dos limites das seções de projeto (Off sets) que definem o corpo estradal, o qual corresponde à faixa terraplenada.

3.3 Faixa terraplenada

Faixa correspondente à largura que vai de crista a crista do corte, no caso de seção plena em corte; do pé do aterro ao pé do aterro, no caso de seção plena em aterro; e da crista do corte ao pé do aterro, no caso da seção mista. É a área compreendida entre as linhas "Off sets".

3.4 Corpo do aterro

Parte do aterro situada sobre o terreno natural até 0,60 m abaixo da cota correspondente ao greide de terraplenagem.

3.5 Camada final

Parte do aterro constituída de material selecionado, com base em preceitos técnico-econômicos, com 60,0 cm de espessura, situada sobre o corpo do aterro ou sobre o terreno remanescente de um corte e cuja superfície é definida pelo greide de terraplenagem.

3.6 Plataforma da estrada

Superfície do terreno ou do terrapleno, compreendida entre os dois pés dos cortes, no caso da seção em corte; de crista a crista do aterro, no caso da seção em aterro; e do pé do corte a crista do aterro, no caso da seção mista. No caso dos cortes, a plataforma compreende também a sarjeta.

3.7 Bota-fora

Material de escavação de cortes, não aproveitado nos aterros, devido à sua má qualidade, ao seu volume ou à excessiva distância de transporte, e que é depositado fora da plataforma da rodovia, de preferência nos limites da faixa de domínio, quando possível.

Local de bota-fora: lugar estabelecido para depósito de materiais inservíveis.

3.8 Compactação

Operação por processo manual ou mecânico, destinada a reduzir o volume dos vazios de um solo ou outro material, com a finalidade de aumentar-lhe a massa específica, resistência e estabilidade.

4 Condições gerais

O início e desenvolvimento dos serviços de execução de aterro pertinente a um segmento viário se condicionam à rigorosa observância do disposto nas subseções 4.1 e 4.2 a seguir.

4.1 Antes do início da execução dos aterros, os elementos/componentes do processo construtivo pertinente e que serão utilizados para a respectiva implantação do aterro, devem estar em condições adequadas, condições estas retratadas pelo atendimento ao disposto nas subseções 4.1 a 4.8 da Norma DNIT 106/2009-ES – Terraplenagem - Cortes.

4.2 No tocante ao segmento em aterro a ser implantado, as respectivas marcações do eixo e dos "Off sets", bem como as referências de nível (RN), já devidamente atendido o disposto nas subseções 4.2.1, 4.2.2 e 4.2.4 da Norma DNIT 104/2009 – ES - Serviços Preliminares, devem, após as operações de desmatamento e destocamento, ser devidamente checadas e, se for o caso, revistas, de sorte a guardarem consonância com a nova configuração da superfície do terreno e com o Projeto Geométrico.

Neste sentido, e em conseqüência, deve ser procedido novo levantamento de seções transversais, de forma solidária com os RN instituídos no Projeto de Engenharia.

Tais seções transversais constituir-se-ão, então, nas "seções primitivas" a serem efetivamente consideradas, para efeito de elaboração e de marcação da "Nota de Serviço de Terraplanagem" (respeitadas as cotas do projeto geométrico), do controle geométrico dos serviços e da medição dos serviços executados.

5 Condições específicas

5.1 Materiais

Os materiais a serem utilizados na execução dos aterros devem ser provenientes das escavações referentes à execução dos cortes e da utilização de empréstimos, devidamente caracterizados e selecionados com base nos Estudos Geotécnicos desenvolvidos através do Projeto de Engenharia.

Tais materiais, que ordinariamente devem se enquadrar nas classificações de 1ª categoria e de 2ª categoria deve atender a vários requisitos, em termos de características mecânicas e físicas, conforme se registra a seguir:

a) Ser preferencialmente utilizados, de conformidade com sua qualificação e destinação prévia fixada no projeto.

b) Ser isentos de matérias orgânicas, micáceas e diatomáceas. Não devem ser constituídos de turfas ou argilas orgânicas.

c) Para efeito de execução do corpo do aterro, apresentar capacidade de suporte adequada (ISC $\geq$ 2%) e expansão menor ou igual a 4%, quando determinados por intermédio dos seguintes ensaios:

   - Ensaio de compactação – Norma DNER-ME 129/94 (Método A);
   - Ensaio de Índice Suporte Califórnia - ISC – Norma DNER-ME 49/94, com a energia do Ensaio de Compactação (Método A).

d) Para efeito de execução da camada final dos aterros, apresentar dentro das disponibilidades e em consonância com os preceitos de ordem técnico-econômica, a melhor capacidade de suporte e expansão ≤ 2%, cabendo a determinação dos valores de CBR e de expansão pertinentes, por intermédio dos seguintes ensaios:

- Ensaio de Compactação – Norma DNER-ME 129/94 (Método B)
- Ensaio de Índice Suporte Califórnia – ISC – Norma DNER-ME 49/94, com a energia do Ensaio de Compactação do (Método B).

O atendimento aos mencionados preceitos deve ser efetivado através de análise técnico-econômica, considerando as alternativas de disponibilidade de materiais ocorrentes e incluindo-se, pelo menos, 01 (uma) alternativa com a utilização de material com CBR≥ 6%.

e) Em regiões onde houver ocorrência de materiais rochosos e na falta de materiais de 1ª e/ou 2ª categoria admite-se, desde que devidamente especificado no projeto de engenharia, o emprego destes materiais de 3ª categoria (rochas), atendidas as condições prescritas no projeto de engenharia e o disposto na subseção 5.3 – Execução.

5.2 Equipamentos

5.2.1 A execução dos aterros deve prever a utilização racional de equipamento apropriado, atendidas as condições locais e a produtividade exigida.

5.2.2 Podem ser empregados tratores de lâmina, escavo-transportadores, moto-escavo-transportadores, caminhões basculantes, moto-niveladoras, rolos lisos, de pneus e pés de carneiro, estáticos ou vibratórios.

5.3 Execução

O início e o desenvolvimento dos serviços de execução dos aterros devem obedecer, rigorosamente, à programação de obras estabelecida e consignada na "Segmentação do Diagrama de Bruckner" enfocada na subseção 4.2.7 da Norma DNIT 104/2009 - ES – Terraplenagem - Serviços Preliminares.

Uma vez atendida esta condição, a execução dos aterros deve ser procedida, depois da devida autorização da Fiscalização, mediante a utilização dos equipamentos focalizados na subseção 5.2, obedecendo aos elementos técnicos constantes no Projeto de Engenharia e atendendo ao contido nas subseções 5.3.1 a 5.3.18.

5.3.1 Descarga, espalhamento em camadas, homogeneização, conveniente umedecimento ou aeração, compactação dos materiais selecionados procedentes de cortes ou empréstimos, para a construção do corpo do aterro até a cota correspondente ao greide de terraplenagem.

5.3.2 Descarga, espalhamento em camadas, conveniente umedecimento ou aeração, e compactação dos materiais procedentes de cortes ou empréstimos, destinados a substituir eventualmente os materiais de qualidade inferior, previamente retirados, a fim de melhorar as fundações dos aterros.

5.3.3 No caso de aterros assentes sobre encostas com inclinação transversal acentuada, de acordo com o projeto, as encostas naturais devem ser escarificadas com um trator de lâmina, produzindo ranhuras, acompanhando as curvas de nível. Se a natureza do solo condicionar a adoção de medidas especiais para a solidarização do aterro ao terreno natural, a Fiscalização pode exigir a execução de degraus ao longo da área a ser aterrada.

5.3.4 O lançamento do material para a construção dos aterros deve ser feito em camadas sucessivas, em toda a largura da seção transversal, e em extensões tais que permitam seu umedecimento e compactação, de acordo com o previsto no projeto de engenharia. Para o corpo dos aterros, a espessura de cada camada compactada não deve ultrapassar de 0,30 m. Para as camadas finais essa espessura não deve ultrapassar de 0,20 m.

5.3.5 Todas as camadas do solo devem ser convenientemente compactadas, de conformidade com o definido no projeto de engenharia. Ordinariamente, o preconizado é o seguinte:

a) Para o corpo dos aterros, na umidade ótima, mais ou menos 3%, até se obter a massa específica aparente seca correspondente a 100% da massa específica aparente máxima seca, do ensaio realizado pela Norma DNER-ME 129/94, Método A.

b) Para as camadas finais, aquela massa específica aparente seca deve corresponder a 100% da massa específica aparente máxima seca do ensaio DNER-ME 129/94, Método B.

c) Os trechos que não atingirem às condições mínimas de compactação devem ser escarificados, homogeneizados, levados à umidade adequada e novamente compactados, de acordo com o estabelecido no projeto de engenharia.

5.3.6 No caso de alargamento de aterros, sua execução obrigatoriamente deve ser procedida de baixo para cima, acompanhada de degraus nos seus taludes. Desde que justificado em projeto, pode a execução ser feita por meio de arrasamento parcial do aterro existente, até que o material escavado preencha a nova seção transversal, complementando-se após, com material importado, toda a largura da referida seção transversal. No caso de aterros em meia encosta, o terreno natural deve ser, também, escavado em degraus.

5.3.7 A inclinação dos taludes de aterro, tendo em vista a natureza dos solos e as condições locais, deve ser fornecida pelo projeto de engenharia.

5.3.8 Na execução dos aterros, deve ser cuidadosamente controlada e verificada a inclinação dos taludes, tanto com o uso de esquadro ou gabarito apropriado, bem como pelas referências laterais.

5.3.9 Para a construção de aterros assentes sobre terreno de fundação de baixa capacidade de carga, projeto de engenharia específico com especificação particular pertinente deve prever a solução a ser seguida. No caso de consolidação por adensamento da camada mole deve ser exigido o controle por medição de recalques e, quando prevista, a observação da variação das pressões neutras.

5.3.10 No caso da execução de aterros sobre solos de baixa resistência, solos moles e quando previsto no projeto de engenharia, para a remoção de tais solos devem ser adotados os seguintes procedimentos:

a) Iniciar as escavações para remoção dos solos moles no local exato determinado pela Fiscalização, a qual também determinará, face aos resultados das escavações, o término das mesmas, sempre com a orientação determinada previamente no projeto de engenharia.

Quando a remoção se fizer próximo a construções, podem ser necessários cuidados especiais para evitar danos aos prédios. Neste caso, devem ser cravadas estacas-prancha ou utilizadas outras formas, então aprovadas, para conter o solo sob a construção, antes do início da remoção, de forma a assegurar a estabilidade do prédio. Os locais devem ser determinados no Projeto de Engenharia, e nas situações não previstas, a critério da Fiscalização;

b) Escavar em nichos de, no máximo, 10,0 metros ao longo do eixo e 5,0 metros perpendiculares ao eixo da rodovia;

c) Reaterrar os nichos logo após concluída a escavação;

d) Evitar rebaixar o nível de água dentro da escavação, ou seja, a escavação deve ser feita de forma lenta o suficiente para evitar que o equipamento de escavação remova água, mas o mais rápido possível para minimizar o tempo de escavação aberta;

e) Sob nenhuma hipótese deve se admitir que qualquer escavação seja deixada aberta durante paralisações de construção, ou mesmo interrupções não previstas;

f) Os taludes da escavação devem ser o mais íngreme possível e mantendo a estabilidade;

g) O material de enchimento das cavas de remoção, como em geral estas compreendem áreas com nível d'água elevado, deve ser constituído por material inerte granular até o nível em que seja possível, inclusive com previsão de uso de bombeamento de vala, e prosseguimento do reaterro com solo compactado a seco.

h) Tão logo o material de preenchimento esteja acima do nível d'água na escavação, o material deve ser compactado com rolo liso, ou a critério da Fiscalização;

i) O material removido deve ser depositado convenientemente ao lado da rodovia; outro local qualquer definido pela Fiscalização, e provido de diques de retenção dos materiais, de forma que a água contida no solo se esvaia, permitindo uma pré-secagem do solo antes do mesmo ter sua conformação definitiva, ou ser transportado para os locais de bota-fora ou de recomposição de empréstimos, conforme designado no Projeto.

5.3.11 Os aterros-barragens devem ter o seu projeto e construção fundamentados nas considerações de problemas referentes à compactação de solos, estabilidade do terreno de fundação, estabilidade dos taludes e percolação da água nos meios permeáveis. Devem ser objeto de Projeto de Engenharia específico e Especificação Particular pertinente.

5.3.12 Em regiões onde houver ocorrência predominante de materiais rochosos, deve ser admitida a execução do corpo do aterro com o emprego dos mesmos materiais, conforme definido no projeto de engenharia, ou desde que haja conveniência, e a critério da Fiscalização. A rocha deve ser depositada em camadas, cuja espessura não deve ultrapassar a 0,75 m. Os últimos 2,00 m do corpo do aterro devem ser executados em camadas de, no máximo, 0,30 m de espessura. A conformação das camadas deve ser executada mecanicamente, devendo o material ser espalhado com equipamento apropriado e devidamente compactado por meio de rolos vibratórios. Deve ser obtido um conjunto livre de grandes vazios e engaiolamentos e o diâmetro máximo dos blocos de pedra deve ser limitado pela espessura da camada. O tamanho admitido para maior dimensão da pedra deve ser de 2/3 da espessura da camada compactada.

5.3.13 Em regiões onde houver ocorrência predominante de areia, deve ser admitido seu uso na execução de aterros. O projeto de engenharia deve definir a espessura e demais características das camadas de areia e de material terroso subseqüente. Ambas as camadas devem ser convenientemente compactadas. A camada de material terroso deve receber leivas de gramíneas, para sua proteção.

Devem ser atendidos requisitos visando o dimensionamento da espessura das camadas, regularização das mesmas, execução de leivas de contenção sobre material terroso e a compactação das camadas de material terroso subseqüentes ao aterro em areia.

5.3.14 A fim de proteger os taludes contra os efeitos da erosão, deve ser procedida a sua conveniente drenagem e obras de proteção, mediante a plantação de gramíneas ou a execução de patamares, com o objetivo de diminuir o efeito erosivo da água, tudo de conformidade com o estabelecido no projeto de engenharia.

5.3.15 Havendo a possibilidade de solapamento da saia do aterro, em épocas chuvosas, deve ser providenciada a construção de enrocamento no pé do aterro.

Na execução de banquetas laterais ou meios-fios, conjugados com sarjetas revestidas, desde que previstas no projeto, as saídas de água devem ser convenientemente espaçadas e ancoradas na banqueta e na saia do aterro. O detalhamento destas obras deve ser apresentado no projeto de engenharia.

5.3.16 Sempre que possível, nos locais de travessia de cursos d'água ou passagens superiores, a construção dos aterros deve preceder a das obras-de-arte projetadas. Em caso contrário, todas as medidas de precaução devem ser tomadas, a fim de que o método construtivo empregado para a construção dos aterros de acesso não origine movimentos ou tensões indevidas em qualquer obra-de-arte.

5.3.17 Os aterros de acesso próximos dos encontros de pontes, o enchimento de cavas de fundações e das trincheiras de bueiros, bem como todas as áreas de difícil acesso ao equipamento usual de compactação, devem ser compactados mediante o uso de equipamento adequado, como soquetes manuais, sapos mecânicos etc. A execução deve ser em camadas, com as mesmas condições de massa específica aparente seca e umidade descritas para o corpo do aterro, e atendendo ao preconizado no projeto de engenharia.

5.3.18 Durante a construção, os serviços já executados devem ser mantidos, permanentemente, com a devida conformação geométrica e com adequado funcionamento do sistema de drenagem superficial.

6 Condicionantes ambientais

Nas operações destinadas à execução dos aterros, objetivando a preservação ambiental, devem ser devidamente observadas e adotadas as soluções e os respectivos procedimentos específicos atinentes ao tema ambiental, definidos e/ou instituídos no instrumental técnico-normativo pertinente vigente no DNIT e na documentação técnica vinculada à execução das obras, documentação esta que compreende o Projeto de Engenharia – PE, os Programas Ambientais pertinentes do PBA e as recomendações e exigências dos órgãos ambientais.

O conjunto de soluções e procedimentos, acima reportados, constitui elenco bastante diversificado de medidas condicionantes que, à luz do instrumental técnico-normativo pertinente e referenciado à Norma DNIT 070/2006-PRO, comporta o desdobramento apresentado na forma das subseções 6.1 a 6.3, que se seguem.

6.1 Medidas condicionantes de cunho genérico, focalizadas na subseção 4.2 da Norma DNIT 070/2006-PRO, e que contemplam, entre outros, os seguintes tópicos:

- O atendimento à plena regularidade ambiental;
- A observância rigorosa da legislação referente ao uso e à ocupação do solo, vigente no município envolvido;
- O estabelecimento de horário de trabalho compatível com a lei do silêncio (regional ou local);
- O atendimento à segurança e ao conforto dos usuários da rodovia e dos moradores das faixas lindeiras;
- A segurança operacional dos trabalhadores da obra;
- O planejamento e a programação das obras;
- O disciplinamento do fluxo de tráfego e do estacionamento dos veículos e equipamentos;
- A devida recuperação ambiental das áreas afetadas pelas obras, após o encerramento das atividades.

6.2 Medidas condicionantes de cunho específico, focalizadas na subseção 5.1 da Norma DNIT 070/2006-PRO, e que contemplam os tópicos "canteiro de obras", "instalações industriais" e "equipamentos em geral", em suas etapas de instalação / mobilização, de operação e de desmobilização.

6.3 Medidas condicionantes de cunho específico, focalizadas na subseção 5.5 da Norma DNIT 070/2006-PRO e que, contemplando as atividades e ocorrências relacionadas com a execução dos aterros, se detêm, entre outros tópicos, nos seguintes:

- Ocorrências ou aceleração de processos erosivos;
- Problemas de instabilidade física dos maciços;
- Execução de aterros em encostas;
- Implantação de sistema de drenagem específico;
- Execução de obras e serviços de proteção;
- Operações de terraplenagem em rocha.

NOTA: Em função de necessidades e particularidades específicas, detectadas ao longo do desenvolvimento dos serviços, a Fiscalização deve acatar, acrescentar, complementar ou suprimir itens integrantes do elenco de condicionantes, instituído na documentação técnica reportada.

7 Inspeções

Objetivando o atendimento ao preconizado nas Normas DNIT 011/2004-PRO e DNIT 013/2004-PRO, a Fiscalização deve elaborar e cumprir competente Programa de Inspeções, de sorte a exercer o controle externo da obra.

Neste sentido, e de conformidade com o instituído no "Planejamento Geral da Obra ou Plano da Qualidade (PGQ)", referidas inspeções, de forma sistemática e contínua, devem atender ao disposto na forma das subseções 7.1 a 7.4 que se seguem.

7.1 Controle dos insumos

Deve ser procedido o controle tecnológico dos materiais terrosos utilizados, objetivando verificar quanto ao atendimento aos vários requisitos, em termos de características físicas e mecânicas, de conformidade com o definido no Projeto de Engenharia e nas alíneas "a" a "e" da subseção 5.1 desta Norma.

Neste sentido, devem ser adotados os seguintes procedimentos:

a) 1 (um) ensaio de compactação, segundo o Método de Ensaio da Norma DNER-ME 129/94 (Método A), para cada 1.000 m³ de material do corpo do aterro;

b) 1 (um) ensaio de compactação, segundo o Método de Ensaio da Norma DNER-ME 129/94 (Método B), para cada 200m³ de material de camada final do aterro;

c) 1 (um) ensaio de granulometria (DNER-ME 080/94), do limite de liquidez (DNER-ME 122/94) e do limite de plasticidade (DNER-ME 082/94) para o corpo do aterro, para todo o grupo de dez amostras submetidas ao ensaio de compactação, conforme a alínea "a" desta subseção;

d) 1 (um) ensaio de granulometria (DNER-ME 080/94), do limite de liquidez (DNER-ME 122/94) e do limite de plasticidade (DNER-ME 082/94), para camadas finais do aterro, para todo o grupo de quatro amostras submetidas ao ensaio de compactação, conforme a alínea "b" desta subseção;

e) 1 (um) ensaio do Índice de Suporte Califórnia, com energia do Método de Ensaio da Norma DNER-ME 049/94 para camada final, para cada grupo de quatro amostras submetidas a ensaios de compactação, segundo a alínea "b" desta subseção.

7.2 Controle da execução

7.2.1 Quanto aos atributos genéricos

Deverá ser verificado, na execução de cada segmento de aterro, se:

- A sua execução foi, na forma devida, formalmente autorizada pela Fiscalização;
- A origem do material terroso utilizado está de conformidade com a distribuição definida no projeto de engenharia;
- O disposto nas seções 4 e 5 desta Norma está sendo atendido.

7.2.2 Quanto à consolidação dos aterros

Deve ser verificado quanto à observância do constante nas subseções 5.3.9 e 5.3.10 e suas alíneas, desta Norma.

7.2.3 Quanto à compactação

Devem ser adotados os seguintes procedimentos:

a) Ensaio de massa específica aparente seca "in situ", em locais escolhidos aleatoriamente, por camada, distribuídos regularmente ao longo do segmento, pelos Métodos de Ensaios das Normas DNER-ME 092/94 e DNER-ME 037/94. Para pistas de extensões limitadas, com volume de, no máximo, 1.200m³ no corpo do aterro, ou 800m³ para as camadas finais, devem ser feitas, pelo menos, cinco determinações para o cálculo do grau de compactação (GC).

b) O número de ensaios de massa específica aparente "in situ", para o controle da execução, deve ser definido em função do risco de rejeição de um serviço de boa qualidade, a ser assumido pelo executante, conforme a Tabela 1:

Tabela 1 - TABELA DE AMOSTRAGEM VARIÁVEL

n	5	6	7	8	9	10	11	12	13	14	15	16	17	19	21
k	1,55	1,41	1,36	1,31	1,25	1,21	1,19	1,16	1,13	1,11	1,10	1,08	1,06	1,04	1,01
α	0,45	0,35	0,30	0,25	0,19	0,15	0,13	0,10	0,08	0,06	0,05	0,04	0,03	0,02	0,01

n = n° de amostras; k = coeficiente multiplicador; α = risco do Executante.

c) As determinações do grau de compactação (GC) devem ser realizadas utilizando-se os valores da massa específica aparente seca de laboratório e da massa específica aparente "in situ" obtida no campo. Devem ser obedecidos os limites seguintes:

- Corpo do aterro: GC ≥ 100%, conforme alínea "a" da subseção 5.3.5.
- Camadas finais GC ≥ 100%, conforme alínea "b" da subseção 5.3.5.

Nota: O executante deve informar previamente à Fiscalização a quantidade de ensaios e determinações que pretende realizar.

7.3 Verificação do produto

7.3.1 Quanto ao controle geométrico

O controle geométrico de execução dos serviços deve ser feito por levantamento topográfico e com gabarito apropriado e considerando os elementos geométricos estabelecidos nas "Notas de Serviço", com os quais deve ser feito o acompanhamento da execução dos serviços.

Através da verificação do alinhamento, do nivelamento do eixo e das bordas e de medidas de largura deve ser verificado se foi alcançada a conformação da seção transversal do projeto de engenharia, admitidas as seguintes tolerâncias:

a) Variação máxima da altura máxima de ± 0,04 m, para o eixo e bordas;

b) Variação máxima da largura de + 0,30 m, para a plataforma, não sendo admitida variação negativa.

7.3.2 Quanto ao acabamento e configuração dos taludes

O controle deve ser visual, considerando o definido no projeto de engenharia e o constante nas subseções 5.3.7 e 5.3.8 da seção 5 desta Norma.

7.3.3 Quanto ao atendimento ambiental

Deve ser verificado quanto à devida observância e atendimento ao disposto na seção 6 desta Norma, bem como procedida a análise dos resultados alcançados, em termos de preservação ambiental.

7.4 Condições de conformidade e não-conformidade

Todos os ensaios de controle e verificação dos insumos, da execução e do produto devem ser realizados de acordo com o Plano da Qualidade, devendo atender às condições gerais e específicas das seções 4 e 5 desta Norma, respectivamente.

Devem ser controlados o valor mínimo para o ISC e para o grau de compactação e o valor máximo para expansão, com valores de k obtidos na Tabela de Amostragem Variável, adotando-se o procedimento seguinte:

Para ISC e GC tem-se:

$\overline{X}$ - ks < valor mínimo admitido, rejeita-se o serviço;

$\overline{X}$ - ks ≥ valor mínimo admitido, aceita-se o serviço.

Para a expansão, tem-se:

$\overline{X}$ + ks > valor máximo admitido, rejeita-se o serviço;

$\overline{X}$ + ks ≤ valor máximo admitido, aceita-se o serviço.

Sendo:

$$\overline{X} = \frac{\sum Xi}{n}$$

$$s = \sqrt{\frac{\sum(Xi - \overline{X})^2}{n-1}}$$

Onde:

X_i - valores individuais;

$\overline{X}$ - média da amostra;

s - desvio padrão da amostra;

k - coeficiente tabelado, em função do número de determinações (tamanho da amostra);

n - número de determinações (tamanho da amostra).

Os resultados do controle serão registrados em relatórios periódicos de acompanhamento, de acordo com a Norma DNIT 011/2004-PRO, a qual estabelece que sejam tomadas providências para o tratamento das "Não-Conformidades" da Execução ou do Produto.

Os serviços só devem ser aceitos se atenderem às prescrições desta Norma.

Todo componente ou detalhe incorreto ou mal executado deve ser corrigido ou refeito.

Qualquer serviço, então corrigido, só deve ser aceito se as correções executadas o colocarem em conformidade com o disposto nesta Norma, caso contrário o serviço deve ser rejeitado.

8 Critérios de medição

Considerando que a medição dos serviços tem como uma de suas finalidades básicas a determinação, de forma racional e precisa, do respectivo custo de execução, a abordagem desta seção comporta dois tópicos específicos, a saber: A "medição propriamente dita dos serviços executados" e a "apropriação do custo da respectiva execução"

8.1 Processo de medição

Tendo em vista que as medições correspondentes à escavação, carga e transporte dos materiais já foram devidamente focalizadas quando da abordagem da execução dos Cortes e dos Empréstimos, a medição dos aterros comporta, estritamente, a quantificação da compactação, a qual envolve várias operações a saber: a descarga e o espalhamento do material em camadas, o ajuste e homogeneização da umidade do solo, a compactação propriamente dita e o respectivo acabamento do aterro.

8.1.1 Tendo em consideração as características e particularidades inerentes a cada uma das camadas executadas, aceitas em conformidade com a subseção 7.4 desta Norma, os serviços serão medidos em m^3, segundo a Nota de Serviço expedida e a seção transversal projetada, separadamente, segundo as alíneas a seguir:

a) Compactação das camadas do corpo de aterro

b) Compactação das camadas finais de aterro

8.1.2 A cubação dos materiais compactados deve ser efetivada com base no apoio topográfico e referências de nível (RN) integrantes do Projeto de Engenharia, devendo as seções primitivas ser objeto de checagens e dos devidos tratamentos focalizados na subseções 4.2.1, 4.2.2 e 4.2.4 da Norma DNIT 104/2009 - ES - Serviços Preliminares e na subseção 4.2 desta Norma.

Assim, para efeito de cálculo dos volumes deve ser aplicado o método da "média das áreas", devendo as seções transversais finais a ter lugar após a conclusão do aterro, ser levantadas dentro de adequado grau de precisão e de forma solidária com os RN's que referenciaram as seções primitivas, bem como aquelas seções transversais levantadas em seqüência ao desmatamento, na forma da subseção 4.2 desta Norma, seções transversais estas que passam a ser consideradas como as seções primitivas a serem efetivamente adotadas, para efeito de controle e de medição dos serviços.

Os valores, então obtidos, devem ser cotejados e considerados em função do disposto no projeto de engenharia, em especial as seções transversais definidas, o Diagrama de Bruckner e sua segmentação, na forma da subseção 4.2.7 da Norma DNIT 104/2009 - ES – Terraplenagem - Serviços Preliminares - Especificação de serviço, bem como as tolerâncias assumidas conforme preconizado na seção 7 desta Norma.

8.1.3 Devem ser considerados como integrantes ordinárias, dos processos construtivos pertinentes aos serviços focalizados nesta Norma, as seguintes operações:

a) As operações referentes ao acabamento final da plataforma e dos taludes.

b) As operações referentes à preservação ambiental, focalizadas na seção 6 desta Norma.

8.1.4 Na memória de cálculo dos quantitativos pertinentes à execução dos serviços em foco, os serviços executados devem ser objeto de quantificação e apresentação explícita em separado, em função do posicionamento específico da camada de aterro correspondente. Neste sentido, os demonstrativos dos quantitativos de serviços executados, observando o disposto na subseção 8.1.1, devem estar referidos ao estaqueamento do eixo da via em construção e desdobrados em dois conjuntos, na forma que se segue:

a) Volume de material compactado, constituinte das camadas de corpo do aterro, na forma do constante da subseção 5.3.5 desta Norma e considerando o que dispõe o projeto de engenharia;

b) Volume de material compactado, constituinte das camadas finais do aterro, na forma do constante da subseção 5.3.5 desta Norma e considerando o que dispõe o projeto de engenharia.

NOTAS:

- Os serviços pertinentes à abertura dos caminhos de serviço que se situam dentro da faixa de "off-sets" devem ter seu demonstrativo de cálculo inserido na planilha de Caminhos de Serviço, mas o respectivo quantitativo de serviço estabelecido deve ser agregado ao conjunto referente à alínea "a", definida nesta subseção 8.1.4.
- O disposto no tópico anterior deve estar devidamente registrado nas Memórias de Cálculo pertinentes às Especificações em foco.
- O Modelo correspondente da Folha de Memória de Cálculo, com respectiva instrução para elaboração, consta no Manual de Implantação Básica, do DNIT.

8.2 Apropriação do custo de execução dos serviços

Para efeito de determinação do custo unitário dos serviços deve ser observado o disposto nas subseções 8.2.1 a 8.2.3 a seguir:

8.2.1 O serviço de execução dos aterros deve ter sua unidade referida ao "m³" compactado, observando o constante nas alíneas "a" e "b" da subseção 8.1.4, medido na pista e considerando as seções transversais definidas no projeto de engenharia. A respectiva apropriação do custo engloba todas as operações pertinentes ao processo construtivo, inclusive o constante da subseção 8.1.3 desta Norma.

8.2.2 Relativamente aos serviços enquadrados nas alíneas "a" e "b" da subseção 8.1.4, os custos pertinentes devem considerar as respectivas energias de compactação definidas no Projeto de Engenharia, e de conformidade com o disposto na subseção 5.3.5 desta Norma.

8.2.3 A linha metodológica, a ser ordinariamente adotada, bem como o elenco de valores de parâmetros e de fatores interferentes devem ser os estabelecidos no Manual de Composição de Custos Rodoviários do DNIT.

Ante particularidades ou especificidades, evidenciadas quando da elaboração do Projeto de Engenharia, e relativamente aos parâmetros e fatores interferentes, cabe a adoção de valores diferentes do preconizado no referido Manual de Composição de Custos Rodoviários, sem prejuízo da aplicação da linha metodológica mencionada.

8.2.4 A apropriação do custo de execução correspondente deve ser obtida de conformidade com os quantitativos de serviços estabelecidos, conforme a subseção 8.1.4 e mediante a aplicação dos respectivos custos unitários estabelecidos nas subseções 8.2.1 a 8.2.3 desta Norma.

_______________/Anexo A (Informativo)

Anexo A (Informativo)

Bibliografia

a) BRASIL. Departamento Nacional de Estradas de Rodagem. *Manual de implantação básica*. 2. ed. Rio de Janeiro: IPR, 1996. (IPR. Publ., 696).

b) _____. *DNER-PRO 277/97:* Metodologia para controle estatístico de obras e serviços. Rio de Janeiro: IPR, 1997.

c) BRASIL. Departamento Nacional de Infraestrutura de Transportes. *Manual de conservação rodoviária*. 2. ed. Rio de Janeiro: IPR, 2005. (IPR Publ., 710).

d) _____. Diretoria-Geral – *Manual de custos rodoviários*. 3. ed. Rio de Janeiro, 2003. 7v. em 13.

_________________/Índice geral

Índice geral

ANEXO B

Diretrizes Executivas de Geotecnia da Prefeitura do Recife

PREFEITURA DO RECIFE

	DOCUMENTAÇÃO TÉCNICA
SECRETARIA DE SERVIÇOS PÚBLICOS	EMITENTE **EMPRESA DE MANUTENÇÃO E LIMPEZA URBANA**

REFERÊNCIA	ASSUNTO:	DATA
VOL.5 / ES-P01	**DIRETRIZES EXECUTIVAS DE SERVIÇOS DE PAVIMENTAÇÃO** Diretrizes Executivas de Serviços - Terraplenagem	2003

DIRETRIZES EXECUTIVAS DE SERVIÇOS

ES-P01

TERRAPLENAGEM

DOCUMENTO DE CIRCULAÇÃO EXTERNA

PREFEITURA DO RECIFE

	DOCUMENTAÇÃO TÉCNICA
SECRETARIA DE SERVIÇOS PÚBLICOS	EMITENTE EMPRESA DE MANUTENÇÃO E LIMPEZA URBANA

REFERÊNCIA	ASSUNTO:	DATA
VOL.5 / ES-P01	DIRETRIZES EXECUTIVAS DE SERVIÇOS DE PAVIMENTAÇÃO Diretrizes Executivas de Serviços - Terraplenagem	2003

ÍNDICE **PÁG.**

PREFEITURA DO RECIFE

	DOCUMENTAÇÃO TÉCNICA		
SECRETARIA DE SERVIÇOS PÚBLICOS	EMITENTE **EMPRESA DE MANUTENÇÃO E LIMPEZA URBANA**		
REFERÊNCIA VOL.5 / ES-P01	ASSUNTO: **DIRETRIZES EXECUTIVAS DE SERVIÇOS DE PAVIMENTAÇÃO** Diretrizes Executivas de Serviços - Terraplenagem	DATA 2003	

1. OBJETO E OBJETIVO

O objeto deste documento são as Diretrizes Executivas de Serviços da PCR, e o objetivo é a definição dos critérios de execução dos serviços de terraplanagem de obras sob a jurisdição da prefeitura do município do Recife.

2. DESCRIÇÃO

Os serviços de terraplanagem mencionada consistirão da limpeza da faixa de construção, extração e remoção de materiais inadequados na fundação dos aterros, execução de cortes e aterros, operação de acabamento da plataforma e dos taludes dos cortes e aterros, execução de drenagem superficial e profunda, conforme recomendações do projeto e orientação da fiscalização.

3. MATERIAIS

Nos serviços de terraplanagem mecanizada os materiais extraídos serão para efeito de medição, classificados em três categorias, segundo o processo mecânico compatível de extração:

A PRIMEIRA CATEGORIA incluirá todos os materiais que possam ser extraídos normalmente, com o emprego de enxadecos, picaretas e ferramentas congêneres ou com equipamento mecânico apenas, sem utilização de explosivos ou de equipamento pneumático de perfuração. Nesta categoria estão incluídos os solos em geral, os materiais pétreos não consolidados, as rochas em adiantado estado de decomposição e as pedras isoladas com dimensão máxima de 0,40m de diâmetro médio.

A SEGUNDA CATEGORIA incluirá todos os materiais cuja extração se processa normalmente, com emprego combinado de equipamento mecânico e explosivos. Nesta classificação estão incluídas as pedras isoladas ou rochas fraturadas em blocos de volume inferior a $0{,}5m^3$ ou rochas em decomposição (exceto aquelas classificadas na primeira categoria) e as de baixa dureza e resistência.

PREFEITURA DO RECIFE

	DOCUMENTAÇÃO TÉCNICA
SECRETARIA DE SERVIÇOS PÚBLICOS	EMITENTE **EMPRESA DE MANUTENÇÃO E LIMPEZA URBANA**

REFERÊNCIA	ASSUNTO:	DATA
VOL.5 / ES-P01	**DIRETRIZES EXECUTIVAS DE SERVIÇOS DE PAVIMENTAÇÃO** Diretrizes Executivas de Serviços - Terraplenagem	2003

A TERCEIRA CATEGORIA incluirá todos os materiais que somente podem ser extraídos com o emprego contínuo de explosivos. Nesta classificação estão incluídas as rochas de alta-resistência e dureza como o granito, o gnaisse e os matacões da mesma natureza com volume igual ou superior a 0,5m³.

4. EXECUÇÃO

4.1 SERVIÇOS TOPOGRAFICOS

Os serviços topográficos consistirão de implantação de referência de nível, locação de eixo e bordas, nivelamento de cortes e de plataforma, assim como o acompanhamento de todo o processo executivo.

A firma contratada obriga-se a locar os serviços de acordo com o projeto, fazer o acompanhamento da obra, cabendo à fiscalização fazer as verificações para o real cumprimento das cotas do projeto

4.2 DESMATAMENTO, DESTOCAMENTO E LIMPEZA

Após o recebimento da ordem de início de serviço, a contratada dará início a operações de desmatamento, destocamento e limpeza, dentro das faixas de serviços das vias e dos limites das áreas estabelecidas para o(s) empréstimo(s).

O desmatamento compreende o corte e a remoção e toda a vegetação, qualquer que seja a sua densidade e tipo.

O destocamento e limpeza compreendem as operações de remoção total dos tocos e raízes, de escavação e remoção da camada de solo orgânico, na profundidade indicada pela fiscalização, e dos matacões encontrados nessa profundidade.

Compreende-se, ainda, como operação de limpeza, a demolição de alicerces de construções existentes dentro da faixa de serviço e a remoção conveniente dos entulhos resultantes, desde que tal demolição possa ser processada através da utilização de tratores de esteiras.

PREFEITURA DO RECIFE

SECRETARIA DE SERVIÇOS PÚBLICOS	EMITENTE **EMPRESA DE MANUTENÇÃO E LIMPEZA URBANA** DOCUMENTAÇÃO TÉCNICA	
REFERÊNCIA VOL.5 / ES-P01	ASSUNTO: **DIRETRIZES EXECUTIVAS DE SERVIÇOS DE PAVIMENTAÇÃO** Diretrizes Executivas de Serviços - Terraplenagem	DATA 2003

O material proveniente do desmatamento, destocamento e limpeza, será removido para bota-fora ou estocado. A remoção ou estocagem dependerá de eventual utilização, a critério da fiscalização, não sendo permitida a permanência de entulhos nas adjacências do corpo da obra, nem a sua deposição nos locais de aterros. É proibido proceder a queima do material em referência.

No caso da jazida de empréstimos, o material proveniente do desmatamento, destocamento e limpeza deverá ser estocado em local determinado pela fiscalização ou constante do projeto, podendo eventualmente ser retransportado para as áreas de onde for retirado o material de empréstimo, após seu conveniente acabamento e acerto.

Nas áreas destinadas a cortes, a camada correspondente a 60 (sessenta) centímetros abaixo do perfil natural deverá ficar isenta de tocos e raízes.

Nas áreas destinadas a aterros de cota vermelha superior a 2,00m, o desmatamento deverá ser executado de modo que o corte das árvores fique, no máximo, ao nível do aterro natural. Para aterros de cota vermelha abaixo de 2,00m será exigida a remoção da capa do terreno contendo raízes e restos vegetais.

Os locais de bota-fora dos materiais provenientes do desmatamento, destocamento e limpeza, salvo no caso de reutilização, serão indicados no projeto, ou pela fiscalização. No primeiro caso, antes de ser feito o bota-fora, a fiscalização verificará "in situ" essa possibilidade, liberando o local, se for o caso ou indicando novo local se houver impugnação do primeiro.

PREFEITURA DO RECIFE

	DOCUMENTAÇÃO TÉCNICA	
SECRETARIA DE SERVIÇOS PÚBLICOS	EMITENTE EMPRESA DE MANUTENÇÃO E LIMPEZA URBANA	
REFERÊNCIA VOL.5 / ES-P01	ASSUNTO: DIRETRIZES EXECUTIVAS DE SERVIÇOS DE PAVIMENTAÇÃO Diretrizes Executivas de Serviços - Terraplenagem	DATA 2003

Nenhum movimento de terra poderá ser iniciado enquanto as operações de desmatamento, destocamento e limpeza nas áreas devidas não tenham sido totalmente concluídas.

O controle das operações de desmatamento, destocamento e limpeza será feito por inspeção visual da qualidade dos serviços.

4.3 ESCAVAÇÃO COM TRATOR DE ESTEIRA, INCLUSIVE TRANSPORTE ATÉ 50 METROS.

A escavação com trator de esteira, exclusivamente, é usada na execução de cortes em seguimentos de vias, onde o transporte do material escavado não ultrapassa 50m ao longo do eixo e no interior dos limites das seções do projeto que definem a largura da via ou em seções mistas onde o material do corte é lançado no aterro lateral.

4.4 ESCAVAÇÃO E CARGA MECANIZADA

A escavação e carga mecanizada são usadas na implantação de cortes em segmentos das vias, onde a distância de transporte seja superior a 50 metros. O serviço será executado ao longo da via, ou em empréstimos utilizados para complementação de aterros ou substituição de materiais insensíveis retirados do corte.

As operações deste processo de execução compreendem:

- Escavação e carga dos materiais constituintes do terreno natural até o greide da terraplanagem indicado no projeto;
- Escavação e carga dos materiais constituintes do terreno natural, em espessura abaixo do greide da terraplanagem, quando se tratar do solo de elevada expansão, baixa capacidade de suporte ou solos orgânicos, conforme indicações de projeto ou por observações de ordem da fiscalização;

PREFEITURA DO RECIFE

	DOCUMENTAÇÃO TÉCNICA	
SECRETARIA DE SERVIÇOS PÚBLICOS	EMITENTE EMPRESA DE MANUTENÇÃO E LIMPEZA URBANA	
REFERÊNCIA VOL.5 / ES-P01	ASSUNTO: **DIRETRIZES EXECUTIVAS DE SERVIÇOS DE PAVIMENTAÇÃO** Diretrizes Executivas de Serviços - Terraplenagem	DATA 2003

- Escavação e carga dos materiais retirados em empréstimos indicados no projeto;
- Retirada por escavação e carga das camadas de má qualidade visando ao preparo das fundações do aterro conforme indicação do projeto.

Os materiais ocorrentes nos cortes, empréstimos ou base de aterros serão classificados pela fiscalização em conformidade com o item 3 destas especificações.

Para o serviço de escavação serão empregados tratores de esteiras ou pneus, equipados com lâminas e, quando for o caso, escarificador. A potência dos tratores será aquela requerida para a execução dos serviços, não podendo ser inferior a 140HP.

Para a operação de carga serão utilizadas pás carregadeiras de pneus com potência mínima de 100HP para materiais sem ou com pouca umidade, e de esteiras quando houver teor de umidade que obrigue esta opção, principalmente no caso de preparação das bases dos aterros.

A escavação subordinar-se-á aos elementos técnicos fornecidos a contratada e constantes das notas de serviço elaboradas em conformidade com o projeto.

A escavação será precedida da execução dos serviços de desmatamento, destocamento e limpeza.

O desenvolvimento da escavação se processará mediante a previsão da utilização adequada, ou rejeição, dos materiais extraídos. Assim, apenas serão transportados, para constituição ou complementação dos aterros, os materiais que sejam compatíveis com as especificações de execução dos aterros, em conformidade com o projeto.

PREFEITURA DO RECIFE

	DOCUMENTAÇÃO TÉCNICA
SECRETARIA DE SERVIÇOS PÚBLICOS	EMITENTE **EMPRESA DE MANUTENÇÃO E LIMPEZA URBANA**

REFERÊNCIA	ASSUNTO:	DATA
VOL.5 / ES-P01	**DIRETRIZES EXECUTIVAS DE SERVIÇOS DE PAVIMENTAÇÃO** Diretrizes Executivas de Serviços - Terraplenagem	2003

Atendido o projeto e, desde que técnica e economicamente aconselhável, a juízo da fiscalização, as massas em excesso que resultariam em bota-fora poderão ser integradas aos aterros, constituindo alargamentos da plataforma, adoçamento dos taludes ou bermas de equilíbrio. A referida operação deverá ser efetuada desde a etapa inicial da construção do aterro.

Quando, ao nível da plataforma dos cortes, for verificada ocorrência de solos de expansão maior que 2%, baixa capacidade de suporte ou solos orgânicos, promover-se-á rebaixamento na espessura indicada em projeto, procedendo-se à execução de novas camadas constituídas de materiais selecionados.

Constatada a conveniência técnica e econômica de materiais escavados nos cortes, para a confecção das camadas superficiais da plataforma, será procedido o depósito dos referidos materiais, em locais determinados pela fiscalização, para sua oportuna utilização.

Os taludes deverão apresentar a superfície desempenada obtida pela normal utilização do equipamento de escavação. Não será permitida a presença de blocos de rocha ou matações nos taludes, que possam colocar em risco a segurança dos usuários da via.

O acabamento da plataforma de corte da via será procedido mecanicamente, de forma a alcançar-se a conformação da seção transversal do projeto, admitidas as seguintes tolerância:

- Variação de altura máxima de ±0.10m para o eixo e bordos;
- Variação máxima de largura + 0,20m para cada semi-plataforma, não se admitindo variação para menos.

Quanto à remoção dos materiais das bases dos aterros, o controle será feito comparando-se as espessuras executadas com as estabelecidas no projeto, além do acompanhamento visual.

PREFEITURA DO RECIFE

	DOCUMENTAÇÃO TÉCNICA
SECRETARIA DE SERVIÇOS PÚBLICOS	EMITENTE **EMPRESA DE MANUTENÇÃO E LIMPEZA URBANA**

REFERÊNCIA	ASSUNTO:	DATA
VOL.5 / ES-P01	**DIRETRIZES EXECUTIVAS DE SERVIÇOS DE PAVIMENTAÇÃO** Diretrizes Executivas de Serviços - Terraplenagem	2003

4.5 TRANSPORTE DE MATERIAL DE QUALQUER CATEGORIA INCLUSIVE DESCARGA

Esta especificação refere-se, exclusivamente, ao transporte e descarga de material de qualquer categoria, inclusive, o proveniente de demolição de edificações e estruturas, cujo carregamento é feito por pás carregadeiras ou escavadeiras trabalhando em cortes, empréstimos ou ocorrências de material às diversas camadas do pavimento.

Quando se tratar de material extraído de cortes da própria via, o transporte dar-se-á, de preferência, ao longo de sua plataforma; quando for o caso de empréstimos ou ocorrências de material para a pavimentação, a trajetória a ser seguida pelo equipamento transportador será objeto de aprovação prévia pela fiscalização. Em se tratando de entulho, o local de descarga será definido também pela fiscalização que indicará ainda, o trajeto a ser seguido pelo equipamento transportador.

Os materiais transportados e descarregados abrangidos por esta especificação podem ser:

- De qualquer de três categorias estabelecidas para os serviços de terraplanagem;
- Qualquer dos materiais utilizados na execução das diversas camadas do pavimento;
- Proveniente da demolição de edificações ou quaisquer outras estruturas de alvenaria de tijolo ou concreto.

Para o transporte e descarga dos materiais relacionados, anteriormente, serão usados, preferencialmente caminhões basculantes, em número e capacidade adequados, que possibilitem a execução do serviço com a produtividade requerida.

PREFEITURA DO RECIFE

	DOCUMENTAÇÃO TÉCNICA	
SECRETARIA DE SERVIÇOS PÚBLICOS	EMITENTE **EMPRESA DE MANUTENÇÃO E LIMPEZA URBANA**	
REFERÊNCIA VOL.5 / ES-P01	ASSUNTO: **DIRETRIZES EXECUTIVAS DE SERVIÇOS DE PAVIMENTAÇÃO** Diretrizes Executivas de Serviços - Terraplenagem	DATA 2003

O caminho de percurso, tanto no caso de cortes, como e empréstimos e jazidas, deverá ser mantido em condições de permitir velocidade adequada ao equipamento transportador, boa visibilidade e possibilidade de cruzamento. Especialmente para o caso de empréstimos ou jazidas, os caminhos de percurso deverão ser, sempre que necessário, umedecidos para evitar o excesso de poeira, e devidamente drenados, para que não surjam atoleiros ou trechos escorregadios.

O material deverá estar distribuído na báscula do caminhão, de modo a não haver derramamento pelas bordas laterais ou traseira, durante o transporte.

Quando se tratar de material proveniente de demolições, este deverá ser distribuído na báscula, de maneira que permita o cálculo do volume transportado em cada viagem.

A descarga do material será feita nas áreas e locais indicados pela fiscalização, seja na constituição dos aterros, seja nos locais de bota-fora ou depósito para futura utilização, seja na pista para confecção das diversas camadas do pavimento.

4.6 ATERROS COMPACTADOS

As especificações, forma de medição e pagamento estão descritas no volume 3 – Diretrizes Executivas de Geotecnia (ES – T02 – Aterros Compactados).

PREFEITURA DO RECIFE

DOCUMENTAÇÃO TÉCNICA		
SECRETARIA DE SERVIÇOS PÚBLICOS	EMITENTE **EMPRESA DE MANUTENÇÃO E LIMPEZA URBANA**	
REFERÊNCIA VOL.5 / ES-P01	ASSUNTO: **DIRETRIZES EXECUTIVAS DE SERVIÇOS DE PAVIMENTAÇÃO** Diretrizes Executivas de Serviços - Terraplenagem	DATA 2003

5. CRITÉRIOS DE MEDIÇÃO E PAGAMENTO

5.1 MEDIÇÃO

A medição dos serviços de desmatamento, destocamento de árvores de diâmetro inferior a 0,15m e limpeza será em metros quadrados da área correspondente à projeção horizontal da superfície efetivamente trabalhada, estando nela incluída a remoção da cobertura vegetal, de tocos e raízes a uma profundidade até 0,60m abaixo do terreno natural e da camada de solo orgânico até uma profundidade de 0,20m, seus empilhamentos e queima fora da área de construção, bem como a retirada de quaisquer outras obstruções ou materiais estranhos ao serviço.

Quando por ordem expressa da fiscalização, for executada remoção de terra orgânica de espessura superior a 0,20m, o volume em excesso deverá ser medido em planilha em separado.

Os cortes executados com trator de esteira serão medidos pelo volume geométrico do material extraído, medido no corte, em metros cúbicos, utilizando-se as seções transversais, obedecidas as seguintes indicações:

- O cálculo dos volumes será resultante da aplicação do método da "média das áreas".
- Os materiais escavados serão classificados de conformidade com o item 3 destas especificações.

O serviço de escavação e carga mecanizada será medido considerando o volume geométrico extraído, medido no corte, em metros cúbicos, utilizando-se as seções transversais e obedecendo as seguintes indicações:

- O cálculo dos volumes dos cortes será resultante da aplicação do método da "média das áreas";

PREFEITURA DO RECIFE

	DOCUMENTAÇÃO TÉCNICA
SECRETARIA DE SERVIÇOS PÚBLICOS	EMITENTE **EMPRESA DE MANUTENÇÃO E LIMPEZA URBANA**

REFERÊNCIA	ASSUNTO:	DATA
VOL.5 / ES-P01	**DIRETRIZES EXECUTIVAS DE SERVIÇOS DE PAVIMENTAÇÃO** Diretrizes Executivas de Serviços - Terraplenagem	2003

- O cálculo dos volumes dos empréstimos obedecerá usualmente o procedimento anterior.

No caso da remoção de materiais da base dos aterros, o cálculo será feito, ainda pela média das áreas das seções transversais tiradas após a esta remoção;

Os materiais escavados serão classificados de conformidade com o conceito no item 3 desta especificação;

Outra forma de calcular o volume extraído de empréstimos, é a medição do volume do aterro, utilizando-se o método das médias das áreas e transformar o volume do aterro em volume do corte através da seguinte expressão:

V corte = V aterro x f

Sendo "f" o fator de correção, onde:

$$f = \frac{\text{Densidade material compactado}}{\text{Densidade de corte (natural)}}$$

O transporte do material de qualquer categoria, inclusive descarga, é medido em m^3 x Km, considerando-se as distâncias efetivas entre os centros de massa do local de carga (corte, empréstimo, jazida ou demolição) e da área destinada à descarga (aterro, bota-fora, depósito ou pista de rolamento) indicada pela fiscalização, sendo a distância média determinada para cada segmento de corte, ou para cada via construída.

Para fins de medição, as distâncias médias de transporte serão separadas entre os seguintes intervalos:

- DMT ≤ 1Km
- 1Km < DMT ≤ 2Km

PREFEITURA DO RECIFE

	DOCUMENTAÇÃO TÉCNICA
SECRETARIA DE SERVIÇOS PÚBLICOS	EMITENTE **EMPRESA DE MANUTENÇÃO E LIMPEZA URBANA**

REFERÊNCIA	ASSUNTO:	DATA
VOL.5 / ES-P01	**DIRETRIZES EXECUTIVAS DE SERVIÇOS DE PAVIMENTAÇÃO** Diretrizes Executivas de Serviços - Terraplenagem	2003

- 2Km < DMT ≤ 4Km
- 4Km < DMT ≤ 6Km
- 6Km < DMT ≤ 8Km
- 8Km < DMT ≤ 10Km
- 10Km < DMT ≤ 12Km
- 12Km < DMT ≤ 14Km
- 14Km < DMT ≤ 16Km
- 16Km < DMT ≤ 18Km
- 18Km < DMT ≤ 20Km

5.2 PAGAMENTO

Os serviços referidos no subitem anterior serão pagos conforme os preços unitários contratuais, os quais, remuneram as operações ali descritas, tais como: uso de equipamentos, serviços topográficos, mão de obra, encargos e outras despesas inerentes à execução de cada tipo de serviço.

PREFEITURA DO RECIFE

		DOCUMENTAÇÃO TÉCNICA
SECRETARIA DE SERVIÇOS PÚBLICOS	EMITENTE **EMPRESA DE MANUTENÇÃO E LIMPEZA URBANA**	

REFERÊNCIA	ASSUNTO:	DATA
VOL. 3 / ES-T02	**DIRETRIZES EXECUTIVAS DE SERVIÇOS DE GEOTECNIA** Diretrizes Executivas de Serviços para Aterros Compactados	2004

DIRETRIZES EXECUTIVAS DE SERVIÇOS

ES-T02

ATERROS COMPACTADOS

DOCUMENTO DE CIRCULAÇÃO EXTERNA

PREFEITURA DO RECIFE

	DOCUMENTAÇÃO TÉCNICA
SECRETARIA DE SERVIÇOS PÚBLICOS	EMITENTE **EMPRESA DE MANUTENÇÃO E LIMPEZA URBANA**

REFERÊNCIA	ASSUNTO:	DATA
VOL. 3 / ES-T02	**DIRETRIZES EXECUTIVAS DE SERVIÇOS DE GEOTECNIA** Diretrizes Executivas de Serviços para Aterros Compactados	2004

ÍNDICE

PREFEITURA DO RECIFE

	DOCUMENTAÇÃO TÉCNICA
SECRETARIA DE SERVIÇOS PÚBLICOS	EMITENTE EMPRESA DE MANUTENÇÃO E LIMPEZA URBANA

REFERÊNCIA	ASSUNTO:	DATA
VOL. 3 / ES-T02	DIRETRIZES EXECUTIVAS DE SERVIÇOS DE GEOTECNIA Diretrizes Executivas de Serviços para Aterros Compactados	2004

1. OBJETO E OBJETIVO

O objeto deste documento são as Diretrizes Executivas de Serviços da PCR, e o objetivo é a padronização dos critérios para a execução de aterros compactados no âmbito da Prefeitura da Cidade do Recife.

2. DESCRIÇÃO

As operações para execução de aterros compactados consistem nas operações de descarga, espalhamento, umedecimento ou aeração e compactação do solo proveniente de cortes ou áreas de empréstimo (vide Figura 2.1).

A execução de aterros compactados deverá prever a utilização racional de equipamentos apropriados, atendendo às condições locais e à produtividade exigida. A compactação deve ser mecânica. Equipamentos de compactação manual ("pilão", soquete pneumático, etc.) serão empregados apenas nos locais onde for impraticável a utilização de equipamentos mecânicos de maior porte (vide Figura 2.2).

3. MATERIAIS

Os solos para os aterros provirão de áreas de empréstimo ou de locais onde estejam sendo executados cortes, devendo ser indicados pela Empreiteira e aprovados pela Fiscalização.

Solos turfosos, argilas orgânicas e solos com matéria orgânica ou vegetal não poderão ser empregados, devendo ser evitada, também, a utilização de solos com presença de material micáceo, bem como, qualquer solo com índice de expansão maior do que 4%, determinado no ensaio de índice de suporte Califórnia (CBR), utilizando a energia normal de compactação (NBR-9895 "Solo-Índice de Suporte Califórnia" da ABNT, equivalente ao Método de Ensaio –ME-9 – "Índice de Suporte Califórnia de Solos"). Os aterros executados com finalidade viária (camadas de pavimento), deverão ter o índice de expansão limitados a 2%.

PREFEITURA DO RECIFE

	DOCUMENTAÇÃO TÉCNICA
SECRETARIA DE SERVIÇOS PÚBLICOS	EMITENTE **EMPRESA DE MANUTENÇÃO E LIMPEZA URBANA**

REFERÊNCIA	ASSUNTO:	DATA
VOL. 3 / ES-T02	**DIRETRIZES EXECUTIVAS DE SERVIÇOS DE GEOTECNIA** Diretrizes Executivas de Serviços para Aterros Compactados	2004

Preferencialmente, os solos deverão receber tratamento prévio na jazida, de modo que, ao serem descarregados no local de trabalho, apresentem-se já com umidades próximas à faixa especificada, soltos e sem presença de torrões ou núcleos duros.

4. EQUIPAMENTO

Todos os equipamentos necessários à execução dos serviços, referidos nesta diretriz, deverão ser adequados ao tipo de serviço programado, a fim de garantir sua perfeita execução (produtividades, cargas, praças de trabalho, etc.). Neste sentido, poderão ser empregados os seguintes equipamentos:

- Motoniveladora;
- Trator agrícola;
- Grade de discos ou similar;
- Caminhão irrigador;
- Rolos compactadores compatíveis com a obra, o tipo de solo a ser compactado, o produto final pretendido, etc.;
- Soquete pneumático e "pilões" para compactações manuais. Os "pilões" deverão ter peso de 10 kg e área de impacto de 100 cm², sendo que características diferentes deverão ser autorizadas pela Fiscalização.

5. FUNDAÇÕES DO ATERRO

O lançamento do aterro só pode ser autorizado após a liberação da sua fundação, seja esta em material drenante (filtro-dreno interno), seja no contato direto com o solo natural "in situ" (Figura 2.1).

No caso de solo natural "in situ", se for constatado material inadequado para fundação, ele deverá ser removido e substituído por outro material (solo compactado, rachão, etc.) a critério da Fiscalização, atendendo às necessidades do Projeto.

PREFEITURA DO RECIFE

	DOCUMENTAÇÃO TÉCNICA	
SECRETARIA DE SERVIÇOS PÚBLICOS	EMITENTE **EMPRESA DE MANUTENÇÃO E LIMPEZA URBANA**	
REFERÊNCIA VOL. 3 / ES-T02	ASSUNTO: **DIRETRIZES EXECUTIVAS DE SERVIÇOS DE GEOTECNIA** Diretrizes Executivas de Serviços para Aterros Compactados	DATA 2004

6. EXECUÇÃO DO ATERRO

A execução dos aterros subordinar-se-á aos elementos técnicos fornecidos ao empreiteiro e constantes das notas de serviços elaboradas em conformidade com o projeto.

A operação será precedida da execução dos serviços de desmatamento, destocamento e limpeza.

Preliminarmente à execução dos aterros deverão estar concluídas as obras-de-arte necessários a drenagem da sub-bacia hidrográfica interceptada pelos mesmos.

6.1 PREPARAÇÃO DA SUPERFÍCIE DE CONTATO

Antes do lançamento da 1ª camada, caso a inclinação da superfície do terreno natural seja superior a 1(V):3(H), a superfície para assentamento do aterro deverá ser constituída de degraus, de modo a permitir uma perfeita aderência, impedindo a formação de superfície preferencial de escorregamento.

Os degraus deverão ter largura compatível com o equipamento de compactação a ser utilizado, de modo a garantir uma ligação adequada entre o maciço existente e o aterro que está sendo executado.

6.2 LANÇAMENTO E ESPALHAMENTO DE CADA CAMADA

Antes do lançamento de cada camada, o solo deverá ser escarificado com gradeamento, produzindo ranhuras ao longo de curvas de nível (Figura 2.1).

O material deverá ser lançado (descarregado e espalhado) em toda a largura do aterro, em camadas de solo cuja espessura não exceda 25 centímetros antes de compactado. Essa espessura poderá ser alterada pela Fiscalização em função das características do equipamento e do material empregado.

PREFEITURA DO RECIFE

	DOCUMENTAÇÃO TÉCNICA	
SECRETARIA DE SERVIÇOS PÚBLICOS	EMITENTE **EMPRESA DE MANUTENÇÃO E LIMPEZA URBANA**	
REFERÊNCIA VOL. 3 / ES-T02	ASSUNTO: **DIRETRIZES EXECUTIVAS DE SERVIÇOS DE GEOTECNIA** Diretrizes Executivas de Serviços para Aterros Compactados	DATA 2004

O material deverá ser homogeneizado na umidade especificada, destorroado e revolvido por grade ou arado de disco até ser obtida sua uniformidade. Durante as operações de lançamento e espalhamento, deverá haver no local pessoal encarregado da remoção de eventuais raízes, detritos e outros materiais inadequados.

6.3 SOBRELARGURA DO ATERRO

Na execução do aterro, cada camada deverá ser lançada e compactada com uma sobrelargura de no mínimo 50 centímetros, medidos na horizontal, além dos alinhamentos de projeto. Esta sobrelargura deverá ser removida por ocasião dos serviços de acabamento do talude de aterro, anteriormente à implantação da proteção superficial. Ela visa evitar que, junto à superfície do talude, permaneçam materiais soltos ou solo insuficientemente compactado.

6.4 COMPACTAÇÃO DO ATERRO

Todo o material de aterro deverá ser compactado por meio de rolos compactadores, em velocidade apropriada para o tipo de equipamento empregado e material a ser compactado.

O número de passadas do rolo compactador deverá ser o necessário para atingir o grau de compactação especificado. Cada passagem do rolo deverá cobrir toda a extensão de cada faixa a ser compactada, com recobrimento lateral da faixa seguinte de no mínimo 30 centímetros.

O lançamento de qualquer camada deverá ser precedido pela liberação da camada anterior, onde a Fiscalização verificará através dos resultados dos ensaios de campo (método de Hilf), se a camada de solo atende às exigências de projeto, com relação ao grau de compactação (G.C.) e o desvio de umidade (Dh). Caso seja constatado que, após a compactação, a superfície acabada esteja lisa, a mesma deverá ser escarificada com

PREFEITURA DO RECIFE

	DOCUMENTAÇÃO TÉCNICA
SECRETARIA DE SERVIÇOS PÚBLICOS	EMITENTE **EMPRESA DE MANUTENÇÃO E LIMPEZA URBANA**

REFERÊNCIA	ASSUNTO:	DATA
VOL. 3 / ES-T02	**DIRETRIZES EXECUTIVAS DE SERVIÇOS DE GEOTECNIA** Diretrizes Executivas de Serviços para Aterros Compactados	2004

grade de disco ou outro equipamento apropriado, previamente ao lançamento da nova camada. Em nenhuma hipótese poderão ser feitos novos lançamentos de materiais em superfície lisa.

Após a escarificação, a Empreiteira deverá proceder ao destorroamento, à correção de umidade do solo (se necessário) e à homogeneização do material antes do lançamento da nova camada.

Nos locais onde não seja possível o uso de rolos compactadores, a compactação será feita com compactadores mecânicos manuais (soquetes pneumáticos). Neste caso, a espessura da camada solta, a ser compactada, será de no máximo 15 centímetros, podendo ser alterada pela Fiscalização, em função do tipo de solo e equipamento que estiver sendo utilizado (Figura 2.2).

6.5 ESPECIFICAÇÕES DE COMPACTAÇÃO

O aterro deverá ser compactado, obedecendo às especificações de projeto, tomando sempre o cuidado com a homogeneidade do mesmo.

6.5.1 Exemplo

Para execução de um aterro compactado, constituído de solo argilo-siltoso, apresentam-se as seguintes orientações de projeto e resultados de ensaios de campo:

• orientações de projeto:

– grau de compactação = G.C. $\geq$ 98% (do ensaio Proctor Normal – Segundo NBR-7182 "Solo – Ensaio de Compactação" da ABNT e ME-7 "Ensaio normal, intermediário e modificado de compactação dos solos".

PREFEITURA DO RECIFE

	DOCUMENTAÇÃO TÉCNICA	
SECRETARIA DE SERVIÇOS PÚBLICOS	EMITENTE **EMPRESA DE MANUTENÇÃO E LIMPEZA URBANA**	
REFERÊNCIA VOL. 3 / ES-T02	ASSUNTO: **DIRETRIZES EXECUTIVAS DE SERVIÇOS DE GEOTECNIA** Diretrizes Executivas de Serviços para Aterros Compactados	DATA 2004

– desvio de umidade = $\Delta h = |h - h_{ót}| < 2\%$ (hót=umidade ótima do ensaio de Proctor Normal e h = umidade do aterro no período da compactação).

– método do controle de campo – Ensaio de Hilf

Yucmáx= 18,6-kN/m³ (Yucmáx = massa específica aparente, úmida, convertida, máxima, obtida no ensaio de Hilf).

$\Delta h = 3\%$ (Δh = desvio de umidade, obtido no ensaio de Hilf).

Determinação da massa específica aparente "in situ" = Ycampo, obtida através da cravação do cilindro biselado ou pelo frasco de areia.

$$Y_{campo} = 18{,}0 \text{ kN/m}^3$$

Nestas condições apresentadas, a Fiscalização poderá liberar a camada compactada?

Solução:

$$G.C = \frac{Y_{campo}}{Y_{ucmáx}} \cdot 100\ (\%) = \frac{18{,}0}{18{,}6} \times 100\ (\%) = 96{,}62\%$$

$$\Delta h = 3\%$$

A camada de solo compactado deverá ser refeita, pois tanto o "G.C." como o Δh" não atenderam às orientações do projeto.

Em casos, como o do exemplo apresentado, a Empreiteira se obriga a retirar por sua conta o material que, após as operações de compactação, não atenderam às especificações de projeto com relação ao grau de compactação e o desvio de unidade.

PREFEITURA DO RECIFE

	DOCUMENTAÇÃO TÉCNICA
SECRETARIA DE SERVIÇOS PÚBLICOS	EMITENTE **EMPRESA DE MANUTENÇÃO E LIMPEZA URBANA**

REFERÊNCIA	ASSUNTO:	DATA
VOL. 3 / ES-T02	**DIRETRIZES EXECUTIVAS DE SERVIÇOS DE GEOTECNIA** Diretrizes Executivas de Serviços para Aterros Compactados	2004

7. CONTROLE DE QUALIDADE

O controle geral das camadas de compactação será feito em três partes:

- controle visual;
- controle geométrico de acabamento;
- controle tecnológico e liberação das camadas compactadas

7.1 CONTROLE VISUAL

Na inspeção deverão ser observadas:

- escarificação, destorroamento e homogeneização do solo das camadas a serem compactadas;
- o gradeamento para destorroamento do material lançado;
- o espalhamento e o controle da espessura da camada de solo a ser compactada, com relação às cruzetas de referência ;
- os serviços de remoção de raízes, madeira, detritos e outros materiais inadequados, das áreas de trabalho;
- a ocorrência de camadas ressecadas, fissuradas ou com fendas;
- a ligação entre camadas do mesmo material ou de materiais diferentes;
- as inclinações das superfícies dos maciços, de modo que permitam uma drenagem das águas de chuvas;
- a distribuição, nas áreas de trabalho, dos equipamentos de terraplenagem, para o controle da uniformidade de compactação;

PREFEITURA DO RECIFE

SECRETARIA DE SERVIÇOS PÚBLICOS	DOCUMENTAÇÃO TÉCNICA EMITENTE **EMPRESA DE MANUTENÇÃO E LIMPEZA URBANA**	
REFERÊNCIA VOL. 3 / ES-T02	ASSUNTO: **DIRETRIZES EXECUTIVAS DE SERVIÇOS DE GEOTECNIA** Diretrizes Executivas de Serviços para Aterros Compactados	DATA 2004

- as condições e características dos equipamentos;
- a velocidade de operação dos rolos compactadores;
- o número de passadas dos rolos e a cobertura adequada da faixa durante a compactação.

7.2 CONTROLE GEOMÉTRICO DE ACABAMENTO

O controle de acabamento será realizado por meio de um levantamento topográfico das seções transversais concluídas.

O acabamento da plataforma de aterro será realizada mecanicamente, de forma a alcançar a conformação da seção transversal do projeto, admitidas, em princípio, as seguintes tolerâncias, caso não especificadas no mesmo:

a) variação máxima de altura de + 0,05 m para o eixo e bordas;

b) variação máxima de largura de + 0,30 m para a plataforma, não se admitindo variação para menos.

7.3 CONTROLE TECNOLÓGICO E LIBERAÇÃO DAS CAMADAS COMPACTADAS

Deverá ser feita através do método da Hilf, onde se pode obter o grau de compactação e desvio de umidade, especificados no projeto do aterro compactado.

Para realização do ensaio de Hilf, deve-se recolher aproximadamente 15 kg de solo da camada compactada. A determinação da massa específica aparente "in situ" deve ser feita em pelo menos três pontos por camada, de forma representativa (pelo método do frasco de areia ou cravação do cilindro). A critério da Fiscalização, esse número de pontos poderá ser ampliado, assim como a sua localização.

PREFEITURA DO RECIFE

	DOCUMENTAÇÃO TÉCNICA
SECRETARIA DE SERVIÇOS PÚBLICOS	EMITENTE EMPRESA DE MANUTENÇÃO E LIMPEZA URBANA

REFERÊNCIA	ASSUNTO:	DATA
VOL. 3 / ES-T02	**DIRETRIZES EXECUTIVAS DE SERVIÇOS DE GEOTECNIA** Diretrizes Executivas de Serviços para Aterros Compactados	2004

7.4 ACABAMENTOS

No caso específico de aterros planos ou a meia encosta, os taludes acabados deverão receber a proteção superficial especificada no projeto logo após a sua liberação (vide Diretrizes Executivas de Serviços – ES-C06 – Rebaixamentos e Proteções Superficiais) e a drenagem superficial prevista.

8. CRITÉRIOS DE MEDIÇÃO E PAGAMENTO

8.1 MEDIÇÃO

Os serviços de escavação e transporte dos materiais para os aterros, oriundos dos cortes e dos empréstimos, serão medidos em metros cúbicos x distância média de transporte em km (DMT).

Os serviços de desmatamento, destocamento e limpeza, serão medidos em metros quadrados da área efetivamente trabalhada.

O serviço de compactação de aterro será medido pelo volume geométrico do aterro, em metros cúbicos, utilizando-se para o cálculo, o processo da "média das áreas", independentemente da classificação de 1ª e 2ª categoria. Quando o aterro for excepcionalmente executado com materiais de 3ª categoria, ou executado forçosamente com equipamentos de menor porte, a medição será específica para tais casos.

8.2 PAGAMENTO

Os serviços de compactação de aterro serão pagos conforme a medição referida no sub-item anterior, aos preços unitários contratuais, que remuneram as operações de espalhamento, homogeneização, umedecimento com aeração e compactação. Quando não for atingido o grau de compactação, os serviços necessários à recompactação do

PREFEITURA DO RECIFE

	DOCUMENTAÇÃO TÉCNICA
SECRETARIA DE SERVIÇOS PÚBLICOS	EMITENTE **EMPRESA DE MANUTENÇÃO E LIMPEZA URBANA**

REFERÊNCIA	ASSUNTO:	DATA
VOL. 3 / ES-T02	**DIRETRIZES EXECUTIVAS DE SERVIÇOS DE GEOTECNIA** Diretrizes Executivas de Serviços para Aterros Compactados	2004

material já estão incluídos também nos preços unitários, assim como toda a mão-de-obra necessária à execução do serviço.

PREFEITURA DO RECIFE

	DOCUMENTAÇÃO TÉCNICA
SECRETARIA DE SERVIÇOS PÚBLICOS	EMITENTE **EMPRESA DE MANUTENÇÃO E LIMPEZA URBANA**

REFERÊNCIA	ASSUNTO:	DATA
VOL. 3 / ES-T02	**DIRETRIZES EXECUTIVAS DE SERVIÇOS DE GEOTECNIA** Diretrizes Executivas de Serviços para Aterros Compactados	2004

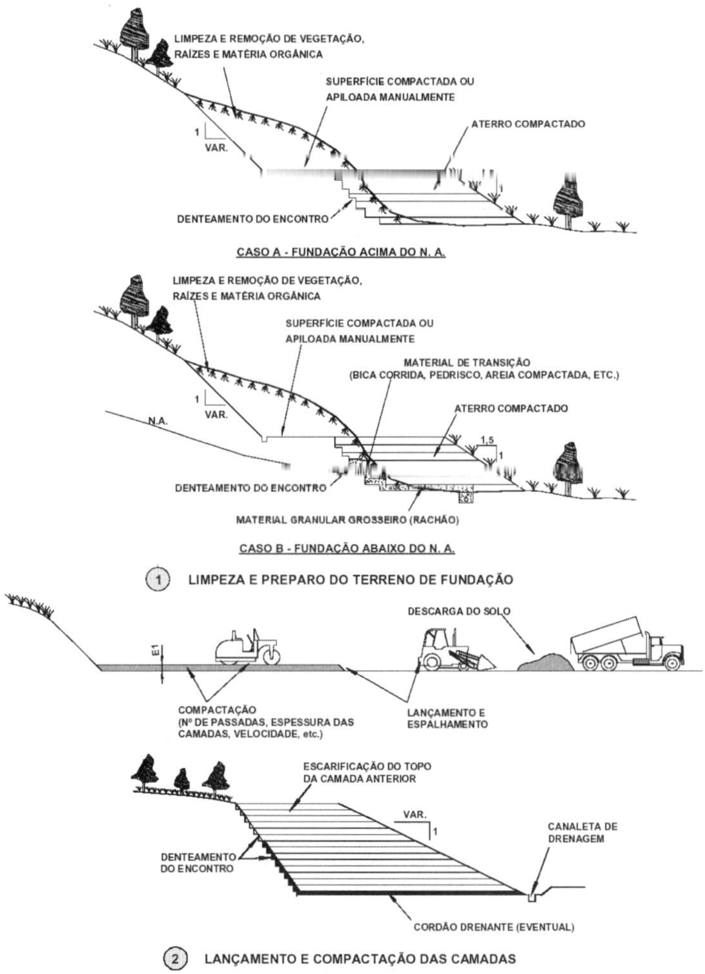

Figura 2.1

Execução de aterros compactados

Etapas básicas e diretrizes construtivas

PREFEITURA DO RECIFE

	DOCUMENTAÇÃO TÉCNICA
SECRETARIA DE SERVIÇOS PÚBLICOS	EMITENTE **EMPRESA DE MANUTENÇÃO E LIMPEZA URBANA**

REFERÊNCIA	ASSUNTO:	DATA
VOL. 3 / ES-T02	**DIRETRIZES EXECUTIVAS DE SERVIÇOS DE GEOTECNIA** Diretrizes Executivas de Serviços para Aterros Compactados	2004

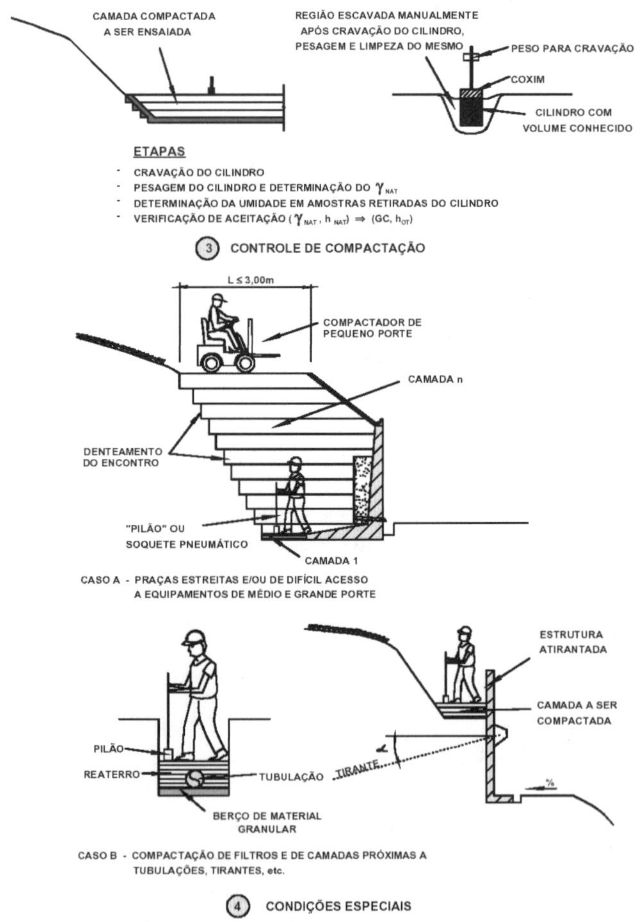

Figura 2.2

Execução de aterros compactados

Etapas básicas e diretrizes construtivas

ANEXO C

Dialogando com os autores. Eles gostam!

CONTATO COM OS AUTORES.

ELES ADORAM...

Eng. Manoel Henrique Campos Botelho

e-mail: manoelbotelho@terra.com.br

Eng. Nelson Newton Ferraz

e-mail: nelfer2011@gmail.com

O autor tem o maior interesse em saber a opinião dos leitores sobre este texto ligado ao assunto "aterros".

Favor endereçar sua avaliação para o e-mail acima.

Outra possibilidade é preencher o questionário a seguir e enviar para o e-mail indicado.

Questionário

Livro "Construção de um aterro: uma história tecnológica"

1) O que achou deste texto?

   Fraco ◯ Regular ◯ Bom ◯ Ótimo ◯

   Pontos principais de sua análise:

2) Quais outros assuntos relacionados com a engenharia civil poderiam ser abordados numa ampliação deste texto?

3) Depois de ler este texto, você acredita que entendeu e aprendeu como se dá a construção de um aterro?

4) Agora, por favor, forneça os seus dados. Eles são muito importantes:

Nome: ______________________________

____

Título profissional: ______________________________

Ano de formatura. ______________________________

Endereço: ______________________________

____

n.° ______________ Complemento ______________

Cidade: ______________ Estado: ______________

CEP. __________-__________

e-mail: ______________________________

Data ________/________/________

5) Se desejar, conte-nos casos e causos sobre construção de aterros que você acompanhou:

____

____

____

____

____

____

____

____

____

____

____

____

____

GRÁFICA PAYM
Tel. [11] 4392-3344
paym@graficapaym.com.br